U0519724

明朝酒文化

王春瑜 著

商务印书馆
The Commercial Press

2019年·北京

图书在版编目(CIP)数据

明朝酒文化 / 王春瑜著. — 北京：商务印书馆，2016（2019.10重印）
ISBN 978-7-100-12087-6

Ⅰ.①明… Ⅱ.①王… Ⅲ.①酒-文化-中国-明代 Ⅳ.①TS971

中国版本图书馆CIP数据核字(2016)第052347号

权利保留，侵权必究。

感谢广誉远中药股份有限公司对本书的支持。

明朝酒文化

王春瑜　著

商 务 印 书 馆 出 版
（北京王府井大街36号　邮政编码 100710）
商 务 印 书 馆 发 行
三河市尚艺印装有限公司印刷
ISBN 978-7-100-12087-6

2016年5月第1版　　开本 640×960　1/16
2019年10月第2次印刷　印张 11

定价：40.00元

序　同饮明朝酒

晚明时江南名士袁中郎在《觞政》中说："饮不能一蕉叶，每闻铲声辄踊跃，遇酒客与留连，饮不竟夜不休，非久相狎者，不知余之无酒肠也。"[①] 如此看来，中郎好酒，实属有酒心无酒量者。前辈风流，我辈后生小子，岂能企及？以不才而论，比起中郎，惭愧的是，我并不好酒，只是岁月催人老，每感供血不足，为了活血化瘀，才喝点酒，但一瓶茅台，自斟自饮，半年才能瓶空。因此，我谈酒——可以说好谈酒，与传统文人就酒谈酒不同，也无曹孟德煮酒论英雄的豪气，而是"三句不离本行"，用自己的职业本能——明史学者的眼光，回眸几百年前明朝的酒文化。语曰"滴水观沧海"，滴酒也可观世界。透过明朝的酒，我们可以看到明朝的政治、军事、经济、文化的若干层面或剪影：用毒酒让政敌闭嘴；贪官治酒高会；十字坡下的黑店用蒙汗药酒麻翻投宿者；多少雅士饮酒高歌，多少落魄者借酒消愁；"头脑酒"让今人似乎摸不着头脑；夕阳下乡间树梢上的"酒望"，给田夫野老带来几多欢欣、几多温暖……

朋友，让我们端起明朝酒杯，浅斟低酌，细品明朝酒文化，感悟明朝风流余韵，面向未来，祝福炎黄儿女明天月常圆，人长久！

二〇一六年四月

[①] 《袁中郎先生全集》卷19。

图1 古人制酒曲法
——摘自宋应星《天工开物》

图2 古人制酒曲法
——摘自宋应星《天工开物》

图3 酒是色媒人：西门庆、潘金莲酒后调情状。守门者为王婆。
——摘自《金瓶梅词话》

祀谢竹枝词

新缫缫得谢蚕神福，物堆盘酒满斟老小一家齐下，拜纸钱便把火来焚

图4　敬天法祖酒
——摘自邝璠《便民图纂》

图 5　农家丰收酒
——摘自邝璠《便民图纂》

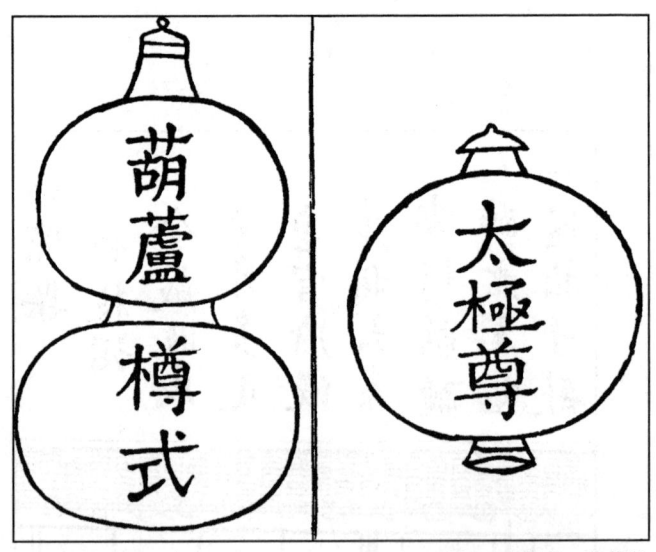

图6 太极尊、葫芦樽
——摘自屠隆《游具雅编》

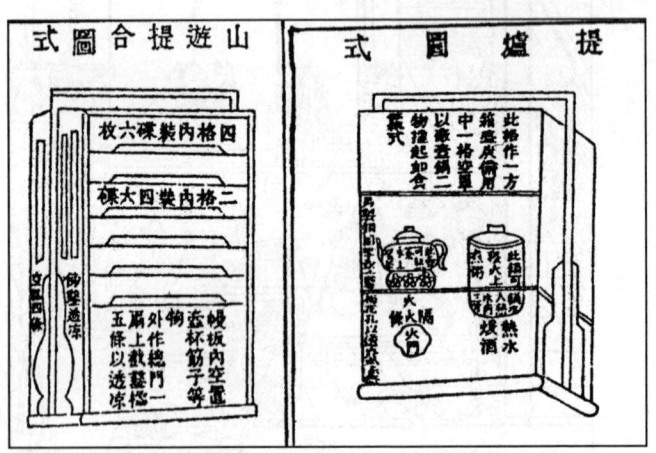

图7 提炉图式、山游提合图式
——摘自屠隆《游具雅编》

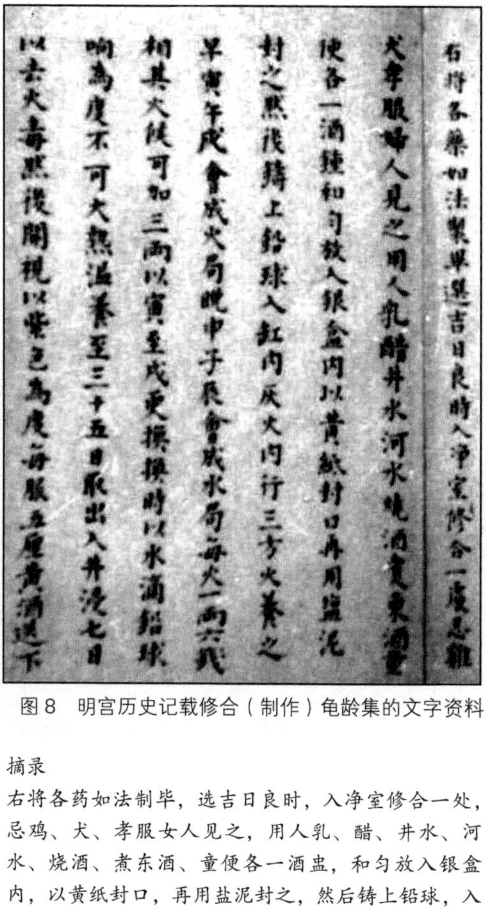
右將各藥如法製畢選吉日良時入淨室修合一處忌雞
犬孝服婦人見之用人乳醋井水河水燒酒煮東酒童
便各一酒鍾和勻放入銀盒內以黃紙封口再用鹽泥
封之然後鑄上鉛球入缸內灰火內行三方火養之
早寅午戌會成火局晚申子辰會成水局每火一兩六錢
相其火候可加三兩以寅至戌更換換時以水滴鉛球
响為度不可大熱溫養至三十五日取出入井浸七日
以去火毒然後開視以紫色為度每服五厘黃酒送下

图8　明宫历史记载修合（制作）龟龄集的文字资料

摘录

右将各药如法制毕，选吉日良时，入净室修合一处，忌鸡、犬、孝服女人见之，用人乳、醋、井水、河水、烧酒、煮东酒、童便各一酒盅，和匀放入银盒内，以黄纸封口，再用盐泥封之，然后铸上铅球，入缸内灰火内行三方火养之，早寅午戌会成火局，晚申子辰会成水局，每火一两六钱，相其火候，可加三两，以寅至戌更换，换时以水滴铅球响为度，不可大热温养，至三十五日取出，入井浸七日，以去火毒，然后开视，以紫色为度，每服五厘黄酒送下。

图9 龟龄集升炼炉,现存于山西中药厂

图10 明《锲重订出像注释节孝记（之二）》奉酒图

图 11 《新刻出像音注管鲍分金记》中饮酒图

目录

第一章 神州何处无酒家——酒与明朝社会

第一节 酒的生产 / 1
  一、酒商制作 / 1
  二、富民自酿 / 3
  三、农家制酒 / 9

第二节 酒的销售 / 13
  一、酒佳不怕路遥 / 13
  二、处处酒帘在望 / 14
  三、自古奸商花样多 / 20
  四、酒的计量 / 21

第三节 酒与法 / 22
  一、酒与犯罪 / 22
  二、阳间最后一碗酒 / 26

第四节　酒与妓	/ 27
一、《桂枝香·嘲酒色》	/ 27
二、刘岘的悲剧	/ 27
三、齐雅秀、钱福的喜剧	/ 29

第二章　酒海卷起千丈波——酒与明朝政治

第一节　酒与皇帝	/ 31
一、内法酒	/ 31
二、御酒一瞥	/ 31
三、宣宗《酒谕》	/ 33
四、状元酒	/ 34
五、头脑酒	/ 37
六、太祖、武宗逛酒店	/ 39
七、小吏张泽的历史眼光	/ 39
第二节　酒与宦官	/ 40
一、酒醋面局	/ 40
二、勒索、受贿、贸易	/ 41
三、生漆酒	/ 42
四、干醉酒	/ 43
五、宦官与酿酒业的发展	/ 44
第三节　酒与政风	/ 44
一、孙慧郎	/ 44
二、严嵩置酒高会	/ 45
三、况钟禁酗酒	/ 47
四、东袁载酒西袁醉	/ 47
五、县官卖酒	/ 49

	六、京官的长夜之饮	/ 50
	七、明朝官场吃喝风考略	/ 51
第四节	酒与外交	/ 54
	一、宴请来使	/ 54
	二、光禄寺的花招	/ 54

第三章　月斜不靳酒筹多——酒与明朝文化艺术

第一节	酒具	/ 56
	一、五花八门的酒具	/ 56
	二、黑玉酒瓮	/ 57
	三、玛瑙酒壶、犀杯、美人杯	/ 57
	四、平心杯	/ 58
	五、子孙果盒	/ 59
	六、金莲杯	/ 59
	七、成窑酒杯	/ 60
	八、王银匠	/ 61
	九、瓦羽觞	/ 62
	一〇、品官与酒具	/ 62
	一一、一则笑话	/ 62
第二节	酒社	/ 63
	一、"吃会"、莲花酒社	/ 63
	二、酒社的政治色彩	/ 64
第三节	酒德	/ 65
	一、酒之辱	/ 65
	二、以酒虐人	/ 67
	三、苏氏之德	/ 67

	四、鼻饮	/ 68
	五、方廉之廉	/ 68
	六、陆深与酒	/ 69
第四节	酒品	/ 69
	一、酒色	/ 69
	二、酒味	/ 71
	三、谢氏品酒	/ 71
	四、宋氏品酒	/ 72
第五节	酒与礼俗	/ 74
	一、乡饮酒礼	/ 74
	二、酒与节日	/ 78
	三、酒与祭祀	/ 80
	四、以水代酒	/ 80
第六节	酒与文学	/ 81
	一、酒令	/ 81
	二、酒对联、骈语	/ 88
	三、酒与戏曲	/ 90
	四、酒与小说	/ 92
	五、酒与诗歌	/ 97
	六、酒与民间文学	/ 100
第七节	酒与艺术	/ 104
	一、酒与画	/ 104
	二、酒与制陶	/ 107
	三、酒与音乐	/ 108
	四、酒与戏术	/ 110

第四章　天涯谁是酒同僚——酒与医学、园林、旅游

第一节　酒与医学　　　　　　　　　　　　　　　/ 112
　　一、药酒　　　　　　　　　　　　　　　　/ 112
　　二、特种药酒　　　　　　　　　　　　　　/ 114
　　三、龟龄集酒　　　　　　　　　　　　　　/ 116
　　四、醒酒方　　　　　　　　　　　　　　　/ 119
　　五、饮酒忌　　　　　　　　　　　　　　　/ 120
　　六、迷药与蛊毒　　　　　　　　　　　　　/ 121
　　七、由你奸似鬼，吃了老娘洗脚水——蒙汗药之谜　/ 123
　　八、蒙汗药续考　　　　　　　　　　　　　/ 128

第二节　酒与园林　　　　　　　　　　　　　　/ 130
　　一、酒文化的宝贵史料　　　　　　　　　　/ 130
　　二、无数离情细雨中　　　　　　　　　　　/ 133
　　三、流觞　　　　　　　　　　　　　　　　/ 134
　　四、酒店新开在半塘　　　　　　　　　　　/ 134

第三节　酒与旅游　　　　　　　　　　　　　　/ 136
　　一、徐弘祖与酒　　　　　　　　　　　　　/ 136
　　二、酒与旅游点　　　　　　　　　　　　　/ 137
　　三、携酒而游的千古佳作　　　　　　　　　/ 138
　　四、旅游酒具　　　　　　　　　　　　　　/ 139
　　五、酒与地方美食　　　　　　　　　　　　/ 140

附录　蒙汗药与武侠小说　　　　　　　　　　　/ 142

第一章 神州何处无酒家——酒与明朝社会

第一节 酒的生产

明朝酒的生产,分为四种类型:一是宫廷制作,专供皇家消费,此点留待下一章叙述;二是官营作坊,以酒户形式出现,产品投入市场,当时有人曾建议"每大县官酿酒户,限二十所,小县限十所,散布乡邑间"①,情形可见一斑;三是酒商制作,产品投入市场,酒香飘向千家万户;四是富民大户、文人雅士自酿自饮,除作为礼品馈赠亲朋好友外,概不出售;五是农家制酒,与耕作结合,除有部分酒投入市场外,主要是自我消费,供男耕女织之需。

一、酒商制作

明朝成化以后,随着社会秩序的安定,生产的发展,商品经济日趋繁荣。各种行业数量大增,达到三百六十行之多,而酒坊就是其中之一。以正德时的江宁县为例,铺行达一百零四种,酒坊即是其中重要的一种。明中叶后,北京的酿酒业也颇为兴旺,城郊各地遍布酒的

---

① 陈衍:《槎上老舌·榷酤》,见金忠淳编:《砚云乙编》。

作坊。生活在弘治、正德年间文武双全的陈铎，是一位世袭的指挥官，却擅作词曲，更善于讽刺，曾写过《小梁州·酒坊》，虽说是借酒抒怀，表达对朝政的不满，仍不失为描写当时酒坊情形的吉光片羽。该曲全文是：

> 云安曲米瓮头春，注玉倾银。青旗摇曳映柴门，遥相问，多在杏花村。（幺）清光忽喇都休论，纵沉酣败国亡身，说甚么消愁闷？满朝混沌，嫌杀独醒人。①

在封闭的自然经济条件下，以酒作为安身立命之所的作坊主，是很难以此业世代传家的。明中叶后，随着财产、权力分割运动的加剧，阶级关系变动的增速，各行各业往往是速兴速衰，酿酒作坊的主人们自然也难以例外。如：嘉靖时的名宦张瀚（1510—1593）在追述其祖毅庵发家史时，就曾经写道：

> 家道中微，以酤酒为业。成化末年值水灾，时祖居傍河，水淹入室，所酿酒尽败，每夜出倾败酒濯瓮……因罢酤酒业，购机一张，织诸色纻布，备极精工。每一下机，人争鬻之……商贾所货者，常满户外，尚不能应。自是家业大饶。②

这是酒户转为织户而获得大发展的著名例证，每被史家所征引。需要指出的是，酤酒一般指买、卖酒，但张瀚明确记载其祖"所酿酒尽败"，显然是既开酒坊制酒，同时也开着酒店卖酒。

---

① 路工编：《明代歌曲选》，上海古典文学出版社1956年版，第19页。
② 张瀚：《松窗梦语》卷6。

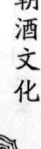

二、富民自酿

有关这方面的记载，不胜枚举。最典型的例子，莫过于高濂的酿酒。高氏字深甫，号瑞南，浙江钱塘（今浙江杭州）人，是晚明南方的著名学者、作家。他家境富裕，优游岁月，却又著述宏富。其作品除《三径怡闲录》二卷外，最重要的作品是名著《遵生八笺》。他在该书的《酿造类》，特地写下两行声明："此皆山人家养生之酒，非甜即药，与常品迥异，豪饮者勿共语也。"①这再生动不过地表明，他的酒是自产自销的；不过，不是销往别处，而是销往高氏本人及其家人的五脏庙也。他所酿的有桃源酒、香雪酒、碧香酒、腊酒、建昌红酒、五香烧酒、山芋酒、葡萄酒、黄精酒、白术酒、地黄酒、菖蒲酒、羊羔酒、天门冬酒、松花酒、菊花酒、五加皮三骰酒。限于篇幅，现将其中几种酒的制法转录于下，也许会引起酒的爱好者特别是制酒企业家的兴趣：

> 桃源酒：白曲二十两，剉如枣核，水一斗，浸之待发。糯米一斗，淘极净，炊作烂饭，摊冷，以四时消息气候，投放曲汁中，搅如稠粥。候发，即更投二斗米饭，尝之或不似酒，勿怪。候发，又二斗米饭，其酒即成矣。如天气稍暖，熟后三五日，瓮头有澄清者，先取饮之，纵令酷酽，亦无伤也。此本武陵桃源中得之，后被《齐民要术》中采掇编录，皆失其妙，此独真本也。今商议以空水浸米尤妙。每造，一斗水煮取一升，澄清汁，浸曲候发。经一日，炊发候冷，即出瓮

---

① 高濂：《遵生八笺》卷12《酿造类》。

中，以曲麦和，还入瓮中。每投皆如此，其第三、第五皆待酒发后，经一日投之，五投毕，待发定，讫一二日可压，即大半化为酒。如味硬，即每一斗蒸三升糯米，取大麦蘖曲一大匙，白曲末一大分，熟搅和，盛葛布袋中，纳入酒瓮，候甘美，即去其袋。然造酒北方地寒，即如人气，投之；南方地暖，即须至冷为佳也。

这里所说的"此本武陵桃源中得之，后被《齐民要术》中采掇编录，皆失其妙，此独真本"云云，都是故弄玄虚之词。所谓武陵桃源，本是晋人陶渊明（352或365—427）笔下创造的乌何有之乡，自然不可能从中觅得制酒良方；北魏贾思勰的名著《齐民要术》卷7，有《造神曲并酒第六十四》、《白醪酒第六十五》、《笨曲饼酒第六十六》、《法酒第六十七》4篇，其中也并无桃源酒制法的记载。我国历史悠久，很多人有好古癖，敬天法祖、崇拜三代，成了他们崇奉的神圣原则，总以为越老的东西越珍贵、越吃香，以致今人仍然深受这个传统的影响。因此，高濂在介绍桃源酒时唱的那段好古调，也就不足为怪了。[①]

香雪酒：用糯米一石，先取九斗，淘淋极清，无浑脚为度。以桶量米准。作数，米与水对充，水宜多一斗，以补米脚，浸于缸内。后用一斗米，如前淘淋炊饭，埋米上，草盖覆缸口二十余日。候浮，先沥饭壳，次沥起米，控干炊饭，乘熟，用原浸米水澄去水脚，白面作小块二十斤拌匀，米壳蒸熟，放缸底。如天气热，略出火气，打拌匀后，盖缸口一

---

① 实际上高濂所记载的"桃源酒"的制法，基本上是录自宋朝人朱翼中《北山酒经》的《酒经下》、《神仙酒法·武陵桃源酒法》，只是在字句上稍有不同而已。引文不注明出处，且每做改动，这是不少明朝文人著书的通病，高濂亦未能免也。

周时，打头杷，打后不用盖。半周时，打第二杷。如天气热，须再打出热气，三杷打绝，仍盖缸口，候熟，如用常法。大抵米要精白，淘淋要清净，杷要打得熟，气透则不致败耳。

今天绍兴黄酒中的名酒之一，便是香雪酒，不知今日香雪酒的制法，与高濂的制法，是否有一脉相承之处？

> 碧香酒：糯米一斗，淘淋清净，内将九升浸瓮内，一升炊饭，拌白曲末四两，用箬埋所浸米内，候饭浮，捞起。蒸九升米饭，拌白曲末十六两。先将净饭置瓮底，次以浸米饭置瓮内，以原淘米浆水十斤或二十斤，以纸四五重，密封瓮口。春数日，如天寒，一月熟。
>
> 腊酒：用糯米二石，水与酵二百斤足秤，白曲四十斤足秤，酸饭二斗，或用米二斗起酵，其味酸而辣。正腊中造煮时，大眼篮二个，轮置酒瓶在汤内，与汤齐滚，取出。

明末松江人宋诩[①]在其所著《竹屿山房杂部》中，也介绍了"造腊酒法"，现录下，以示比较：

> 每米一斗，先浸一升，七日炊。将余九斗淘尽，每米一斗，用水一十六斤浸。次将炊热饭铺缸面上，候熟饭浮起捞饭，另按方捞米炊熟。次将浮饭拌匀，每斗米用曲一斤，就将原沺下酒，每斗留浸过米一升骰，俱用热饭，若天气冷，只用

---

① 从王利器说。四库全书文津阁本提及宋氏著作时，均误作"诩"。见王氏整理的《九籥集·序言》，中国社会科学出版社1984年版。

略热饭。①

两相比较，虽然从根本上说，制法大同小异，但宋诩所说，显然比高濂更为详尽，颇易仿效。古人有诗句曰"莫道农家腊酒浑"，看来腊酒是普通人饭桌上的常备物。

建昌红酒：用好糯米一石，淘净倾缸内，中留一窝，内倾下水一石二斗。另取糯米二斗，煮饭摊冷，作一团放窝内盖讫。待二十馀日，饭浮浆酸摊去浮饭，沥干浸米。先将米五斗淘净，铺于甑底，将湿米次第上去，米熟，略摊气绝翻在缸内中盖下。取浸米浆八斗，花椒一两，煎沸出锅，待冷。用白曲三斤捶细，好酵母三碗，饭多少加常酒放酵法，不要厚了。天道极冷，放暖处，用草围一宿，明日早，将饭分作五处，每放小缸中，用红曲一升，白曲半升。取酵亦作五分，每分和前曲饭同拌匀，踏在缸内，将余在熟尽放面上盖定，候二日打扒。如面厚，三五日打一遍；打后，面浮涨足，再打一遍，仍盖下。十一月，二十日熟。十二月，一日熟。正月，二十日熟。馀月不宜造。榨取澄清，并入白檀少许，包裹泥定。头糟用熟水随意副入，多二宿，便可榨。

这里，指出酿建昌红酒的时间，是冬季的十一月至来年正月，其余时间均不宜造，是值得人们注意的：宜寒不宜暖也。这主要是保持定温，在气温低时，只需加热，比较容易，而气温高要冷却就很困难。因此自古酿酒多在晚秋和冬天，其次是旧历二月，三月以后，就只能

---

① 宋诩：《竹屿山房杂部》卷15《尊生部三·酒部》。

作甜酒了。早在《齐民要术》时代，人们已经将这一点载之于文献中了。①

至于放"白檀少许"于酒内，那也是大有道理的：白檀，即白檀香，是檀香科半寄生的常绿小乔木白檀香的心材，其味辛，温。中医认为能入脾、胃、肺经，具有理气止痛、温中和胃的功效。②看来，建昌红酒具有保健作用。

> 五香烧酒：每料糯米五斗，细曲十五斤，白烧酒三大坛。檀香、木香、乳香、川芎、没药各一两五钱，丁香五钱，人参四两，各为末。白糖霜十五斤，胡桃肉二百个，红枣三升去核。先将米蒸熟晾冷，照常下酒法则，要落在瓮口缸内，好封口，待发微热，入糖，并烧酒、香料、桃、枣等物在内，将缸口厚封，不令出气。每七日开打一次，仍封，至七七日，上榨如常。服一二杯，以醃物压之，有春风和煦之妙。

一望而知，这种酒的配料都是佳品。其五香，除檀香前已介绍外，乳香性辛、苦、温，入心、肝、脾经，有活血止痛、消肿生肌之效；川芎性辛、温，入肝、胆、心包经，能活血祛瘀，祛风止痛；没药味苦、平，入肝经，功效与川芎同；丁香性同川芎，入肺、胃、脾、肾经，有温中降逆、温肾助阳之效。五香再加上能大补元气的人参，及补气补血的枣等，五香酒的活血、行气、温肾、滋补的作用，是不言自明的。

---

① 石声汉：《从齐民要术看中国古代的农业科学知识》，科学出版社1957年版。
② 上海中医学院方药教研组编：《中药临床手册》，上海人民出版社1977年版。

山芋酒：用山药一斤，酥油三两，莲肉三两，冰片半分，同研如弹。每酒一壶，投药一二丸，熟服有益。

山药原名薯蓣，其味甘、平，补而不滞，不热不燥，对补脾胃有较好的效果。看来这种酒的关键，是在于把山药、莲肉等制成如弹子一样的药丸，服用时只要放两丸到酒壶中，加热即可，倒很方便。

至此，不仅想起几十年前，我在上海饮山芋酒的情景。一天，大雪纷飞，天寒地冻，下班后，手脚都冻僵了。在回家的路上，我路经南市大木桥一家小饭店时，便想喝一点酒御寒。这家小店只有一种酒，即山芋酒，是皖北小酒厂的产品，小瓶装，二两一瓶。于是我买了一瓶，要了两碟下酒菜。可是喝了两口，却像食火吞刀，异常难受，尤其是喉头似乎在冒起阵阵青烟，只好弃在饭桌上。如今想来，我吃的那种山芋酒，与高濂饮用的山芋酒，相差何啻天上人间！原来，皖北、苏北一带，把红薯又名地瓜，也叫作山芋，所谓山芋酒，是用地瓜干（将地瓜切片晒干）酿成的，而且工艺流程水平又很低劣，以致才那样令我难以下咽。可惜的是，高濂介绍的山芋酒，似乎也早已绝迹，如果将来有谁恢复生产，我倒很乐意买上几瓶痛饮，以补偿当年在沪上小店的失落，重温夕阳残梦。

羊羔酒：糯米一石，如常法浸浆。肥羊肉七斤，曲十四两。杏仁一斤，煮去苦水，又同羊肉多汤煮烂，留汁七斗，拌前米饭，加木香一两同酝，不得犯水。十日可吃，味极甘滑。

"羊羔美酒"是人们的口头禅，我从童年起就对此酒大名如雷贯耳，但遗憾的是，至今尚无缘品尝。高濂介绍的制羊羔酒之法，并不复杂，此酒之味是否能与盛名相符，心中不免窃有疑焉。这里，不妨

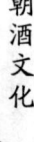

再将宋朝人朱翼中在《北山酒经·卷下》记载的制羊羔酒法，介绍一下，以示比较。

> 白羊酒：腊月取绝肥嫩羯羊肉三十斤（肉三十斤，内要肥膘十斤），连骨，使水六斗已来，入锅煮肉，令烂软，漉出骨，将肉丝擘碎，留着肉汁。炊蒸酒饭时，酌撒脂肉于饭上，蒸令软，依常拌搅，使尽肉汁六斗泼馈了，再蒸良久，卸案上摊，令温冷得所，拣好脚醅，依前法酘拌。更使肉汁二升以来，收拾案上及元压面水，依寻常大酒法日数，但麹尽于酘米中用尔（一法：脚醅发只于酘饭内方，煮肉取脚醅一处，搜拌入瓮）。

显然，在制羊羔酒这一点上，明朝人比前人要明白多了。杏仁不仅性甘、苦，且有特殊香气，木香更是气味芳香，两者至少均能去羊肉膻气，增加酒的香醇度。

三、农家制酒

农家制酒的例子，以明末崇祯年间浙江涟川（今浙江吴兴）沈氏最为典型。其生平事迹不可详考，但留下了他撰写的《沈氏农书》传世。沈氏不仅善于种田，也很会经营。他认为，对雇工的饭食"宜优厚"，如"冬月雨天捻泥，必早与热酒，饱其饮食"，只有这样，雇工才会卖力做活。他家的规矩，是不论忙闲，雇工三人共酒一勺，后来沈氏作了小小的改革，实行区别对待，做活重的、难度大的，每人一勺；做活中等的，每人半勺。由于沈氏的土地不少，经营的项目又比较多，有家庭纺织、砖窑、醋坊、油坊等，因此除佃户外，常年雇了不少劳力，帮他家干活，对酒的需求量，是相当可观的。是买酒，还是自家制酒？沈氏显然思量过。他写道：

> 旧规：生活人供酒，斗米买三十勺，谓之长行酒。水多味淡，徒为店家出息。若以斗米自作曲酒，当有二十四斤。以十二两抵长行（酒）一勺，滋味力量竟是加倍，所虑者，自作易于耗损……以其糟养猪，尚有烧酒卖，岂不可供给长年。①

后来，他显然觉得自开酒坊合算，便酿起酒来了。当八月秋凉时，他便安排人"合酒曲"，到了十月立冬小雪时，便"作十月白酒"②。沈氏很会精打细算，除了将所制浑酒供雇工饮用外，更把制酒与养猪结合起来。他说：

> 苏州买糟四千斤，约价一十二两。糟以干为贵，干则烧酒多；到家再上笮（按：同"榨"）一番，尚有浑酒二百斤，虽非美品，供工人亦可替省。（近来苏人多算，将糟下副酒，放桃花酒。若非真色货，烧酒便无利矣。）每糟百斤烧酒二十斤，若上号的有十五斤，零卖每斤二分，顿卖也有一分六厘，断然不少。再加烧柴一两。计酒六百斤，值价十两，除本外尚少银三两，得糟四千斤，可养猪六口。凡糟烧下即倾入缸，践实，以灰盖之，日渐取用，久不易坏。烧时必拌笼糠，喂时须净去之。③

---

① 《沈氏农书·运田地法》。
② 《沈氏农书·逐月事宜》。
③ 《沈氏农书·蚕务（六畜附）》。

这是一种简单的再生产，买糟榨浑酒的目的，除了以劣质酒供应雇工、以图省钱外，就是为了用酒糟喂猪。

当然，沈氏不会仅限于此。他更在自己的酒坊中直接用粮食酿酒。他这样写道：

> 长兴籴大麦四十担，约价十二两。先将舂去粗芒，水浸一宿，上午煮熟摊冷。每斗用酒药比米三倍，约每斗四五厘；拌匀入坛，封口贮静处，候七日开坛，酒香，倾出入甑，一如烧酒之法，每石得酒二十斤，若好的也有十五斤，比米烧差觉粗猛耳；每斤分半，可抵麦本。柴、药每斗一分。得糟二十斤，养猪甚利。①

他还进一步总结经验，指出按这种方法多畜养猪羊，一年可得厩肥八九百石。比起租别人的牛粪窖，其节约的银两，抵得上租牛二十余头，这就是制酒得糟带来的好处，因而"耕种之家，惟此最为要务"。并引古语"养了三年无利猪，富了人家不得知"，说明了千百年来农家口头禅"庄稼一枝花，全靠肥当家"的重要性。

作为经营地主的沈氏，自然还会把他酿的一部分酒，投入市场。如前述在十月酿的"十月白"酒，据说"是吴地一种上好的酒"②，十二月份酿的也是好酒，这些酒除了自饮、待客外，主要是投入市场获利。

沈氏可算作南方农家酿酒的代表。明中叶后，尤为万历以后，北

---

① 《沈氏农书·蚕务（六畜附）》。
② 张履祥辑补，陈恒力校释，王达参校、增订：《补农书校释》（增订本），农业出版社1983年版。

方农村人身依附关系有所松动，出现了以雇工为业的劳动大军，农村富户雇用他们，也每置酒款待。如兖州府的沂州及宁阳、邹、滋阳等县，每年十月一日，"农家皆设酒肴，燕（按：宴也）佣人"[1]，其中一些农家的酒，也是自酿的。隆庆时山东临朐弃官归隐、终老田园的冯惟敏（1511—约1580）即在《玉芙蓉·山居杂咏》中写道："茅簷（按：同檐）燕垒合，柳色莺穿破，问山妻新投浊酒如何？"[2] 当时的农家，略有钱财者，都自家酿酒，如果凡饮均从市上酤来，就会被人耻笑。如：与冯惟敏同时的李开先（1502—1568），因得罪权臣夏言（1482—1548）被削职为民，回到山东章丘老家"省稼灌园"[3]，"有时市酒饮客，客有廉而知之者，笑其多用而市费，胡不酿黍为之"[4]。他在游山庄时，村民"知有远客到，田父欣候余。为黍必杀鸡，鸡飞过邻庐。开瓮出浊醪，提筐剪野蔬"[5]。这里的瓮中浑酒，自然也是农家的自产自销之物。

古人农家自酿自饮的现象，相当普遍。今日某些山区，仍然遗风犹存。前几年，我在湖北通山，听王志远老人说，山民仍用世代相传的古法酿酒，夏天将碧绿的玉米叶放在酒瓮内，过几天，即成了碧酒，颇诱人。云、贵山寨的土酒，更是名闻海内。看来，适当开发农家的自酿酒，并与旅游相结合，应当是当今发展农村经济的一个有效途径。

---

[1] 《古今图书集成·职方典·兖州府风俗考》。
[2] 冯惟敏：《海浮山堂词稿》卷2下。
[3] 李开先：《李开先集》下册。
[4] 李开先：《李开先集》中册。
[5] 李开先：《李开先集》上册。

第二节 酒的销售

一、酒佳不怕路遥

普通的酒,一般都是就地销售,在集市上卖给顾客,或由商人上门收购、批发。例如苏州的新郭、横塘、李墅等村,"比户酿造烧造发客"[1]。广东顺德区的梅花村,居民多以种梅为生,"冬春之际,以落梅醅酒"[2],在村南发卖。而好的或比较好的酒,自然有人远走他乡,予以推销。以江南松江城为例,这里出品的熟酒,本来就"甲于他郡",外地出的酒,除金华酒等少数酒外,很难打进松江的酒市场。但隆庆年间,苏州有位叫胡沙汀的人,携三白酒至松江,看来他很会活动,先在上层兜售、宣传,结果"颇为缙绅所尚,故苏酒始得名"。于是松江的"小民之家,皆尚三白",城中"始有苏州酒店"[3]。酒佳不怕路遥,各地的名酒,京师几乎都有售。襄陵酒在嘉靖中叶即蜚声于京城,何良俊曾记载:"襄陵十年前始入京师,据所见当为第一。"[4] 另外,易州酒类似江南的三白酒,泉清味洌,在京中也很受欢迎。一般百姓饮用的酒,"如玉兰、腊白之类则京师之常品"[5]。

---

[1] 《古今图书集成·职方典·苏州府部》。
[2] 屈大均:《广东新语》卷2。
[3] 范濂:《云间据目抄》卷2。
[4] 何良俊:《四友斋丛说》卷33。
[5] 史玄:《旧京遗事》。

二、处处酒帘在望

明代酒楼、酒店的总数，今日虽不可确考，但委实多得惊人。早在明朝初年，明太祖朱元璋（1328—1398）即下令在南京城内建造十座酒楼。史载：

> 洪武二十七年。上以海内太平。思与民偕乐。命工部建十酒楼于江东门外。有鹤鸣、醉仙、讴歌、鼓腹、来宾、重译等名。既而又增作五楼，至是皆成。诏赐文武百官钞。命宴于醉仙楼。而五楼则专以处侑歌妓者……宴百官后不数日……上又命宴博士钱宰等于新成酒楼。各献诗谢。上大悦……太祖所建十楼。尚有清江、石城、乐民、集贤四名。而五楼则云轻烟、淡粉、梅妍、柳翠，而遗其一。此史所未载者。皆歌妓之薮也。①

这些酒楼备极豪华，酒香四溢，艳姬浅唱，有幸登临者，无不难忘今宵。明初江西临川人揭轨，以举明经至京，宴南市楼，曾写诗咏其事谓：

> 诏出金钱送酒垆，绮楼胜会集文儒。
> 江头鱼藻新开宴，苑外莺花又赐酺。
> 赵女酒翻歌扇湿，燕姬香袭舞裙纡。

---

① 沈德符：《万历野获编补遗》卷3《建酒楼·禁歌妓》。

绣筵莫道知音少，司马能琴绝代无。①

朱元璋在南京造的酒楼，加在一起，实际上共有十六座，简称十六楼，除了招待士大夫外，还"待四方之商贾"②，用官妓侑酒。直到宣德二年（1427），"大中丞顾公佐始奏革之"③。江河日夜流，到了万历年间，除了在斗门桥东北的南市楼，依然与秦淮、蒋山同在，迎朝晖，送夕阳，以美酒佳肴接待八方来宾外，其余的十五座楼，都被岁月的风尘掩埋了。不过，这些楼的基地犹存，人们仍然知道北市楼在干道桥东北，来宾楼在聚宝门外之西，重译楼在聚宝门外之东，集贤楼在瓦屑坝西，乐民楼在集仙楼北，鹤鸣楼在西关中街之北，醉仙楼在西关中街之南，轻烟楼在西关南街，淡粉楼也在这里，柳翠楼、梅妍楼都在西关北街，石城楼、讴歌楼均在石城门外，而清江楼、鼓腹楼都在清凉门外。④这些酒楼虽然早已风流云散，化为冷灰寒烟，但它的遗迹，仍然吸引着文人雅士前来凭吊，追寻当日的繁华梦。

在苏州，到了晚明，"戏园、游船、酒肆、茶店，如山如林"⑤。城中酒店之多固不必说，在郊区的十里山塘，也是酒馆林立，接待游览虎丘的人们。这些小酒馆的女主人，身穿红裙，招呼游客，颇引人注目。有首打油诗描写此类酒馆的情景谓："酒店新开在半塘，当垆娇样幌娘娘。引来游客多轻薄，半醉犹然索酒尝。"⑥在杭州，酒馆的竞相奢华、花样百出，真有如歌如沸、令人眼花缭乱之势。明末周清源的小说《西湖二集》第11卷，表面上写的是南宋杭州酒楼状，实际上

---

① 沈德符：《万历野获编补遗》卷3《禁歌女》。
② 周晖：《续金陵琐事》。
③ 同上。
④ 周晖：《二续金陵琐事》。
⑤ 顾公燮：《消夏闲记摘抄》。
⑥ 艾衲居士：《豆棚闲话》。

明代杭州酒楼的真实写照："每酒楼各分小阁十余处，酒器都用银，以竞华侈，每处各有私名妓数十人，时装艳服，夏月茉莉盈头……叫做'卖客'；又有小环，不呼自至，歌吟强聒，以求支分，叫做'擦坐'；又有吹箫、弹阮、息气、锣板、歌唱、散耍等人，叫做'赶趁'；又有老妪以小炉炷香为供，叫做'香婆'，……又有卖酒浸江瑶、章鱼、蛎肉、龟脚、锁管、蜜丁、脆螺、鲨酱、虾子鱼、制鱼诸海味，叫做'醒酒口味'……酒馆之中歌管欢笑之声，每夕达旦，往往与朝天车马相接，虽暑雨风雪，未尝稍减。"在南京、苏州、杭州、扬州等地，还有专门的酒船，载客泛舟于湖上，在浅酌低吟、檀板笙歌中，饱览江南"青山隐隐水迢迢"的湖光山色。甚至普通百姓也有租酒船出去游览的。在明人小说中，就曾描写苏州南园东道堂白云房的一些道士，在"夏月天气，商量游虎丘，已叫下酒船"①。晚明著名作家张岱（1597—1679）在明朝灭亡后，无限眷恋当年画舫酒船泛碧波的情景："崇祯乙卯八月十三，侍南华老人饮湖舫，先月早归。"②在别的地方，酒馆也多得惊人。有一个县，仅县衙门前的酒店即不下二十余家。③有的酒店因专售某种好酒，名传遐迩。如北京"双塔寺赵家薏酒"，就"著名一时"④。而薏酒即薏苡酒，本是蓟州（今天津蓟县）的特产⑤，时人梁纲曾咏此酒道：

马援征南事不诬，宦囊果否是明珠？
昔人曾却贪泉水，此日当筵恐不须。⑥

---

① 凌濛初编著：《二刻拍案惊奇》卷39。
② 张岱：《陶庵梦忆》卷3。
③ 谢国桢编：《明代社会经济史料选编》下册，福建人民出版社1980年版。
④ 《古今图书集成·职方典·顺天府部·杂录》引《菊隐纪闻》。
⑤ 顾起元：《客座赘语》卷9。
⑥ 蒋一葵：《长安客话》，《薏苡酒》。

在夕阳山外山的古道上，有的驿站就叫"酒店子驿"，时人曾有诗歌咏其事：

> 鼍鼍山下酒如泉，碧柳青旗系锦鞯。
> 昨夜炉头沽一醉，不知顿舍枕西天。①

酒店是如此之多，以至在嘉靖年间，学者胡侍曾惊呼："今千乘之国，以及十室之邑，无处不有酒肆"②。

酒肆开张之日，热闹非凡，张鼓乐，结彩缯，"横匾连楹"，贺者持果核堆盘，围以屏风祀神。像样的酒店都有考究的酒帘、酒旗，随风摇曳。（按：酒帘、酒旗起源甚早，《韩非子》中即有记载。）我国古代著名的"矮脚虎"政治家晏子，曾谓："人有沽酒者为器甚洁清，置表甚长，而酒酸不售者，表酒旗望帘也。"酒帘一般都置于高处，好让饮者在很远的地方就能看见，又称"酒望子"。财力大的，在酒店前专门竖起一根旗杆，上缚酒帘，如《水浒传》中的蒋门神，便在"檐前立着望竿，上面挂着一个酒望子，写着四个大字道：'河阳风月'"③。有些酒帘上的字写得极好，一般都出于民间书法家的手笔。明初大政治家姚广孝（1335—1419），就因为一个偶然的机会，对酒帘上的字十分欣赏，而收养了一个儿子。沈德符（1578—1642）载谓：

> 姚少师（广孝）奉命赈荒吴中。见一酒帘书字奇伟。问之。为里中少年所书，召之至，喜惬遂以为子。命名曰"继"，

---

① 张维新：《馀清楼稿》卷 11。
② 胡侍：《珍珠船》卷 6。
③ 施耐庵：《水浒传》第 29 回。

即承荫为尚宝,以至太常少卿。①

这是一个真实的故事。姚广孝遽归道山后,"帝亲制神道碑志其功,官其养子继尚宝卿"②。洪熙元年(1425),"姚广孝配享太庙","尚宝少卿姚继……祭其父"③。而清初著名史学家查继佐(1601—1676)对这则酒帘得子的故事,记载得更为具体:姚继本来姓甚名谁,不得而知,为苏州阊门某酒店书酒帘,姚广孝"嘉其笔法端整,偕与见上"。永乐皇帝令他作姚广孝的义子,所以赐名姚继,留他陪太子在文华殿读书,后授官返乡。姚广孝死,他至京奔丧,奏对时失言,被帝立即驱逐,直到"洪熙中,复召继,改太常",享年"仅四十有二"④。酒旗的作用与酒帘一样,只是在形状上有所不同。《水浒传》在描写打虎英雄武二郎时,有这样的笔墨:

> 武松在路上行了几日,来到阳谷县地面。此去离县治还远。当日晌午时分,走得肚中饥渴,望见前面有一个酒店,挑着一面招旗在门前,上头写着五个字道:"三碗不过冈"⑤。

这"三碗不过冈"云云,实际上也就是酒广告;古人敦厚,说此酒好,不过是说喝下三碗就会醉,走不过冈子去,不像今人在电视中做的酒广告,自卖自夸,几乎把牛皮也吹破了!使人感到有点稀奇的是,蒋门神在"快活林"霸占来的大酒店绿油栏杆上,还"插着两把

---

① 沈德符:《万历野获编》卷27。
② 《明史》卷145《列传第三十三》。
③ 《明史》卷52《志第二十八》。
④ 查继佐:《罪惟录·列传》卷16。
⑤ 《水浒传》第23回。

锁金旗；每把上五个金字，写道'醉里乾坤大'，'壶中日月长'"①。这自然是由于蒋门神财大气粗，他的广告——酒旗，也就特别精致。可想而知的是，荒村野岭间的小酒店，大多并无布制的酒帘、酒旗，而是用稻草之类编成圈状，用竹竿缚于树巅，简称"望子"，今天我们从明人小说的插图及明人绘画中，还可望见这种望子的踪影。犹忆七十余年前，笔者尚在童年，住在乡间，村民开小酒店、豆腐店的，都在村前最高的树上竖起这种望子，有时因故酒、豆腐脱档，便将望子解下，免得顾客白跑一趟。这真是酒望今古一线牵。回首儿时情景，在鸡鸣声中，袅袅炊烟里，酒望高高地点缀在蔚蓝的晴空下，给田夫野老带来几多温馨，几多依恋。而今，此情此景，只能是统统留在风雨故园别梦中了！

一般说来，小酒店比起大酒店，更富有人情味。《醒世恒言》中描写的宣德年间京郊运河边小镇上小酒店主刘德老汉，不仅"凡来吃酒的，偶然身边银钱缺少，他也不十分计较。或有人多把与他，他便勾了自己价银，余下的定然退还，分毫不肯苟取"。并能扶危济困，帮助因贫病陷入窘境的老弱孤苦之辈，因此道路相传，盛赞"刘公平昔好善，极肯周济人的缓急"②。这些小酒店能赢利多少？缺乏史料记载，难以确知。但明人小说中，往往倒有具体的描写，有助于我们了解当年小酒馆的经济状况。如《二刻拍案惊奇》中有一则公案故事，其中比较详细地叙述了李方哥的酒店状，现抄录如下：

且说徽州府岩子街边有一个卖酒的，姓李叫做李方哥。有妻陈氏，生得十分娇媚，丰采动人。程朝奉动了火，终日

---

① 《水浒传》第29回。
② 冯梦龙：《醒世恒言》卷10。

将买酒为由，甜言软语哄动他夫妻二人……一日对李方哥道："你一年卖酒得利多少？"李方哥道："靠朝奉福荫，借此度得夫妻两口，便是好了。"程朝奉道："有得赢余么？"李方哥道："若有得一两二两赢余，便也留着些做个根本，而今只好绷绷拽拽，朝升暮合过去，那得赢余？"程朝奉道："假如有个人帮你十两五两银子，便多做些好酒起来，开个兴头的糟坊，一年之间，度了口，还有得多。"①

如此看来，一般小酒店本小利微，卖的都是村醪薄酒之类，收入仅能勉强供店主一家糊口。而本钱大的，酿好酒，开糟坊，收入便相当可观了。明清之际江西万安县人郭节"以善酿致富"，难得的是，不仅"平生不欺人"，更乐善好施，济人危困，某日一次即借给里人四百金救急，于此也不难看出他酿酒致富后的财力，是很雄厚的。②

我很向往古人简朴的小酒店，及童年时挂在树梢，用稻草做的酒望。时下承受着市场经济的发展，旅游、休闲日益成为时尚，度假村、山庄、农庄迅速兴起。我光顾过一些山庄、农庄，颇感失望，不过是将城里的楼房盖到乡间罢了！哪里有竹篱茅舍，小桥流水，袅袅炊烟，酒望在树？我真怀疑，古人田园诗般的酒文化，恐怕是已成绝响了！

三、自古奸商花样多

值得注意的是"莫道财源通四海，自古奸商花样多。"明朝亦不例外，在酒的销售过程中，一些唯利是图的奸商，也在拼命捣鬼，弄

---

① 凌濛初：《二刻拍案惊奇》卷28。
② 张潮辑：《虞初新志》卷3载魏禧《卖酒者传》。

虚作假。例如，明末北京街头卖一种有颜色、味芳洌的酒，说是涞水酒，其实是赝品，这种酒因为质量远比易州酒差，早已停止生产了。往酒中掺水，使饮者"口中淡出鸟来"①。明末有人曾写《行香子》一首，辛辣地嘲笑了松江去品的这种淡酒：

> 浙右华亭，物价廉平，一道会买个三升。打开瓶后，滑辣光馨。教君霎时饮，霎时醉，霎时醒。听得渊明，说与刘伶："这一壶约重三斤。君还不信，把秤来称，倒有一斤泥，一斤水，一斤瓶。"②

还有人利用民众的好古心理，妄称千年古酒，以牟厚利。如江西竟有人声称陶渊明当年曾埋下很多酒，现在被挖出来了，"美香不可言"③。其实，陶渊明归田后，并无关系网，两袖清风，得酒即醉，哪里有余钱深挖洞，广积酒？

四、酒的计量

明朝酒肆中，酒是如何计量的？看来与前人差别不大。所谓升、斗、石，虽与计量粮食的衡器同名，而其实数量是不同的。谢肇淛（1567—1624）引朱翌《杂说》说，淮河以南量酒都以升来计算，一升为爵，二升为瓢，三升为觯。按照这种说法，一爵为升，十爵为斗，百爵为石。谢肇淛认为："以今人饮量较之，不甚相远耳。"④

---

① 参见《水浒传》花和尚鲁智深语录。
② 吴履震：《五茸志逸》卷1。
③ 李日华：《紫桃轩杂缀》卷3。
④ 谢肇淛：《五杂俎》卷11。

第三节 酒与法

一、酒与犯罪

至今民谚有谓:"酒是色媒人"、"三碗酒下肚,恶向胆边生"。显然,纵酒犯法,是古今极少数酒徒的通病,或者说,酒往往是犯罪的诱因。明代著名政治家顾璘(1476—1545)曾一针见血地说:"夜饮晏起,乃奸盗所由始。"[①]那些杀人越货的江洋大盗,更无一不是酒鬼。这类人即使下了大牢,也视酒如命根子一样。明人小说中曾描写有个叫杨洪的捕快,为侦破一件冤案,弄了些酒肉到狱中给强盗们吃,你看强盗们的那吃相,那德行:

> 杨洪先将一名开了铁链,放他饮啖。那强盗连日没有酒肉到口……一见了,犹如饿虎见羊,不勾大嚼,顷刻吃个干净……那未吃的口中好不流涎。[②]

用砒霜掺酒毒死人命,固然是奸夫淫妇、人面兽心者惯用的伎俩,如:同上引书曾描写正德时的李承祖,被继母焦氏用砒霜掺入酒中毒死,死前痛苦万分,惨不忍睹:

> 须臾间药性发作,犹如钢枪攒刺,烈火焚烧……不消半

---

① 李乐:《见闻杂记》卷1。
② 冯梦龙:《醒世恒言》卷20。

个时辰，五脏迸裂，七窍流红，大叫一声，命归泉府。①

而用蒙汗药掺入酒中，劫人钱财，甚至杀人的犯罪勾当，则更使人有扑朔迷离、目瞪口呆之感。方以智（1611—1671）曾记载：

> 茛菪子、云实、防葵、赤商陆、曼陀罗花皆令人狂惑见鬼。安禄山以茛菪酒醉奚契丹坑之。嘉靖中妖僧武如香至昌黎张柱家，以红散入饭，举家昏迷，任其奸污，盖是横唐方。周密言押不庐可作百日丹，即仁宝言曼陀罗花酒，饮之醉如死。魏二韩御史治一贼，供称威灵仙、天茄花、粘刺豆，人饮则迷，蓝汁可解。②

这里的"仁宝言曼陀罗花酒"云云，仁宝是指郎仁宝，即郎瑛（1487—？）之字，其言见于他在《七修类稿》中的这一段话：

> 小说家尝言，蒙汗药人食之昏腾麻死，后复有药解活。予则以为妄也，昨读周草窗《癸辛杂志》云：回回国有药名押不庐者，土人采之，每以少许磨酒饮人，则通身麻痹而死，至三日少以别药投之即活，御院中亦储之以备不虞。又《齐东野语》亦载，草乌末同一草食之即死，三日后亦活也。又《桂海虞衡志》载，曼陀罗花，盗采花为末置人饮食中即皆醉也。据是，则蒙汗药非妄。③

---

① 冯梦龙：《醒世恒言》卷 27。
② 方以智：《物理小识》卷 12。
③ 郎瑛：《七修类稿》卷 45《事物类蒙汗药》。

显然，郎瑛所说的曼陀罗花云云，就是方以智所指的曼陀罗花酒。虽然郎瑛并未能指出蒙汗药到底是何物，但他根据史籍，举出押不庐、草乌末、曼陀罗花三种具有麻醉性能的药草，断言蒙汗药绝非小说家的虚妄之谈，结论弥足珍贵。据笔者研究，蒙汗药确实是用曼陀罗花制成的。至迟在南宋，曼陀罗花作为麻醉药，已普遍应用于外伤等各科。大概也正因为这种麻药十分普及，曼陀罗花的麻醉性能人皆知之，而且"遍生原野"，所以绿林豪客们才信手采撷，制成蒙汗药，经营他们的特种买卖。① 曼陀罗草的麻醉性能相当可观，明末杨士聪（1597—1648）曾载谓："曼陀罗草其叶如伽叶，花有大毒，末之置饮食中，令人皆醉。取一枝挂酒库内，饮其酒者易醉"②。读过《水浒传》的人都不会忘记十字坡下绰号"母夜叉"的孙二娘用蒙汗药，实际上也就是曼陀罗花酒，将人麻翻，宰了，做人肉包子的故事，这是江湖豪客用蒙汗药下酒，干蔑视法纪勾当的典型，而方以智记述的魏二韩御史所治之盗的招供，更为此类案件提供了最可靠的实证。

当然，也还有另一种情形，即有些人本身并非恶人，但因嗜酒，而触法网，酿成惨祸。明人小说中曾描写成化年间浙江永嘉县有个儒生王杰，家道小康，夫妻和睦，但不料有一天，突然大祸临门。请看这件事的原委：

> 王生看了春景融和，心中欢畅，吃个薄醉，取路回家里来，只见两个家童，正和一个人门首喧嚷。原来那人是湖州客人，姓吕，提着竹篮卖姜。只为家僮要少他的姜价，故此争执不已……王生乘着酒兴，大怒起来……走近前来，连打

---

① 关于曼陀罗花及蒙汗药的来龙去脉，详参拙著《"土地庙"随笔》中的《蒙汗药之谜》及《蒙汗药续考》，光明日报出版社1988年版。
② 杨士聪：《玉芝堂谈荟》卷29。

了几拳，一手推将去。不想那客人是中年的人，有痰火病的，就这一推里，一交跌去，一时间倒在地。正是：身如五鼓衔山月，命似三更油尽灯。①

毫无疑问，这位王生如果不是吃醉了，"乘着酒兴"动手打人，又怎么会闹出人命案来？当然，这毕竟还是小说家言。而万历时李乐记载的两则酒祸，则是活生生的事实。一件事是：浙江桐乡"有中人之家贷钱开油饼坊，其雇工人与市上一人剧饮而醉相殴，雇工人推其人堕水死"。你看，两个醉鬼相打，一个终于被推到水晶宫中招驸马去了！另一件事，更是荒唐而惨烈：

> 万历二十八年庚子冬，乌程地方有云七里者，著姓温族所居也。某姓人有婚嫁事，故事设酒宴，邻近人（见）其酒薄，众不喜。又有怒其邀不偏者，众即扬言曰："嫁女酒，任汝薄，却恐救焚酒薄不得，难道不请我们？"是夜，先用计局其户外，使内者不得出，更余纵火，自外焚之。其家男子以送亲不在，妇人及眷妇凡九人，二妇又怀姙，而诸妇女俱在卧榻，被火仓皇莫措，开门不得出。家故开油坊，畜牛数头，牛惊火叫跳奔跃撞诸妇，惨酷难状。不踰时，尸杂诸煨烬中，难识认。盖死者凡十一人，而牛不与焉。诸纵火者伫桥观火，拍手大笑。郡邑及观察公初闻亦骇其事，卒以为无证，不加严究。死者虽多含冤，而谁恤也，伤矣哉！伤矣哉！②

---

① 抱瓮老人辑：《今古奇观》卷29。
② 李乐：《见闻杂记》卷6。

如此骇人听闻的惨祸的酿成，固然是由于一帮子愚民的无法无天，生性残忍。但其导火线，却是因为这些人嫌嫁女酒太薄引起的。正是：酒薄、酒薄，招来大恶，惨绝人寰，令人惊愕！

二、阳间最后一碗酒

在明朝人的小说、戏剧中，我们经常看到这样的描写：被斩囚犯（当然，其中也有因冤狱而屈死者）在临刑前，刽子手往往塞给他所谓"阳间最后一碗酒"，在通常情况下，囚犯多半是一饮而尽的。这是古已有之，明代一仍其旧的临刑饮酒的真实反映。史载：

> 今刑部每决重囚，必先酒食之，其来已远。想起初意，盖欲罪人昏醉，不大怖耳。今制凶人犯极罪，已招伏奏当，然不即断决，犹必监候。会审无词，又俟三覆奏而后始行刑。逮于临刑，复酒食以醉饱之。及至市曹，又停刑不决，许其家人击登闻鼓告诉，多有得旨放回者。足见朝廷好生之德，无所不至。而在外有司，刻礉之吏，不体此意，任情肆虐，于罪不至死之人，每每非法拷讯以毙之。是徒杖之罪反重于死刑，有司杀人，反捷于朝廷矣。①

如此看来，给犯人临刑饮酒，体现了法外施仁。一是表明：且饮人间长别酒，"西出阳关无故人"，给即将赴死者一点精神上的安慰。二是：使犯人酒后醺醺然，昏昏然，面对断头台、刽子手时，不至于感到太恐怖。这显然是具有人道主义精神的。

---

① 胡侍：《珍珠船》卷3。

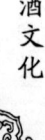

第四节　酒与妓

一、《桂枝香·嘲酒色》

嘉靖时作家薛论道，曾写《桂枝香·嘲酒色》谓：

> 黄黄肌瘦，腔腔咳嗽。做嫖头夜夜扶头，好饮酒朝朝病酒。两件儿缠绵，无新无旧。恰离酒肆，又上花楼。阎罗请下风流客，玉帝封成酒色侯。①

这支小曲辛辣地嘲笑了酒鬼兼色鬼，最后两句，更是幽默形象。这就为我们道出了一个最简单不过的历史事实，不仅酒楼通向花楼，而更重要的是，几乎所有花楼同时也是酒楼。这些"风流客"、"酒色侯"最后的结局，多半只能是身揣酒葫芦，"死在牡丹下"，那是他们死得其所，当然怨不得别人。从明朝人的小说、戏曲、笔记、野史中，我们可以清楚地看到，如果没有酒，像蛇菌一样显现其诱人色彩的社会毒瘤——妓院，恐怕早已黯然失色，关门大吉，改为六陈铺了。在明朝，围绕着酒与妓女，演出了多少令人难忘的悲喜剧，从而在明代社会生活中，深深地打上了烙印。

二、刘峨的悲剧

弘治年间，有位张智，是御史，涞水人，因贪利，从某盐商那儿

---

① 薛论道：《林石逸兴》卷6。

刮去很多油水。有一次，同道御史刘峣往淮安、扬州公干，张智便跟刘峣说项，请他开后门，支盐给这个盐商。刘峣当场拒绝了。张智便与此盐商密谋，假惺惺地在城外郑家花园设宴，邀请刘峣入席，声称为他饯别。刘峣不知有诈，如约赴宴。等到他在连连劝杯声中被灌得迷迷糊糊时，张智又推出妓女，与刘峣厮混在一起。按照明朝的官样文章，是禁止官员宿娼及挟妓饮宴的。如"宣德三年，怒御史严皑、方鼎、何杰等沉湎酒色，久不朝参，命枷以徇"①。次年（1429）八月，宣宗又谕礼部尚书胡濙（1375—1463）说：

> 祖宗时，文武官之家不得挟妓饮宴，近闻大小官私家饮酒辄命妓歌唱，沉酗终日，怠废政事，甚至留宿，败礼坏俗。尔礼部揭榜禁约，再犯者必罪之。②

史称这是"革官妓之始"。唯其如此，张智和盐商又预先找了几个光棍，冒充缉事校尉，这个时候突然钻出来，要挟刘峣，拿出一千两银子来，否则就将他挟妓夜饮的丑闻嚷出去。刘峣走投无路，张智却在一旁假充好人，故意说：我与某盐商很要好，让他拿出一千两银子来，他到淮安、扬州后，允许他支盐就行了。刘峣被迫，只好答应。张智却从这一千两银子中，分得一半，揣入私囊。而商人到淮安后，因准其支盐，所获厚利，又岂是这千两银子所能比拟的，而且出入无忌。事后，刘峣越想越怕，担心终将败露，"遂引刀自刎而死"。你想，好端端的一位朝廷命官突然自杀身亡，怎能不引起社会的强烈关注？"科道交章劾其故"，在朝廷的干预下，最后终于真相大白，"乃真智等

---

① 《明史》卷95。
② 余继登撰：《典故纪闻》卷9。

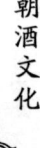

于法"①，将张智和盐商开刀问斩——透过这则比较冗长的故事，我们显然可以看到，妓女和酒，实在是张智阴谋中的重要环节，如果没有这个环节，张智的罪恶阴谋未必能得逞。妓与酒之为祸，亦可谓大矣！

三、齐雅秀、钱福的喜剧

世间有悲剧，也有喜剧。不准官员挟妓饮酒的禁令，明中叶后，形同废纸一张，而且按照"刑不上大夫，礼不下庶人"的儒学古训，及"只打苍蝇，不打老虎"的世俗原则，"上层人物游龙戏凤，中层干部生活小节，平民百姓品质恶劣"的法外之法，大权在握的重臣，谁敢管他们的风流韵事？因此，连宣宗、英宗时著名的元老政治家"三杨"杨士奇（1365—1444）、杨荣（1375—1446）、杨溥（1438—1487），也留下了并非是"血色罗裙翻酒污"的佳话。据载：

> 三杨当国时，有一妓名齐雅秀，性极巧慧。一日命佐酒，众谓曰："汝能使三阁老笑乎？"对曰："我一入便令笑也。"乃进见。问："何来迟？"对曰："看书。"问："何书？"对曰："《烈女传》。"三阁老大笑曰："母狗无礼！"即答曰："我是母狗，各位是公猴。"（按：谐音"公侯"）一时京中大传其妙。②

这位齐雅秀女士很有幽默感，想来她在佐酒时，一定会将三位老家伙逗得乐不可支。类似齐雅秀这样的小聪明者，看来大有人在。明末有一妓，善于监酒，曾在席间作《调笑令》，以催干为韵：

---

① 陈洪谟：《治世余闻》。
② 冯梦龙：《古今笑史》。

闻道才郎高量，休让。酒到莫停杯，笑拔金钗敲玉台。催么催，催么催。已是三催将绝，该罚。不揣作监官，要取杯心颠倒看。干么干，干么干。①

这首小令，当然博得"一座笑赏"。

明代金陵，十里秦淮，青楼林立，笙歌画舫、桨声灯影之中，名妓迭出，其中也不乏酒星。如明末的王小大，生而韶秀，为人圆滑便捷，善周旋，更"工于酒，纠觥录事，无毫发谬误"，并能为酒客排忧解愁，被人誉之为"和气汤"②。这也称得上是风尘女子中有酒德之人了。

万历时松江的状元钱福，已归田里，听说江都某妓动人，特地去造访，至时，始知此妓已嫁盐商。经过一番周折，商人慕其才名，终于欣然同意设宴招待。但见：

贾人设席西隅，出妓传花把酒，状元兴随境到，酒无重沥。酣次，贾人令妓出白绫手巾，请留新句。时衣裳缟素，往来烛前，皎若秋月，状元持杯披袖，引满再三，妓宛转更多，箫管之间，不觉醉飞玉笛，乃是一绝句云："淡罗衫子淡罗裙，淡扫娥眉淡点唇。可惜一身多是淡，如何嫁了卖盐人。"③

这首在豪饮酒酣之际，即兴挥就的打油诗，相当诙谐，读来令人发噱。

---

① 褚人获：《坚瓠集》引《艮斋杂说》。
② 余怀：《板桥杂记》。
③ 宋懋澄：《九籥集》卷2。（按：此事与嘉靖时鄞县人余永麟撰《北窗琐语》载杭州故事颇相类。见是书第52页。）

第二章　酒海卷起千丈波——酒与明朝政治

第一节　酒与皇帝

一、内法酒

在明朝皇帝中，不饮酒的，一个也没有。因此，宫廷酿造或采买以及各地上贡的名酒，构成五花十色的"系列"酒——御酒。有专门的机构叫"御酒房"，由宦官管理，设提督太监一员，佥书数员。"专造竹叶青等各种酒，并糟瓜茄，惟干豆豉最佳，外廷不易得也。"[①]

二、御酒一瞥

宫中自酿的美酒，如"满殿香"、"内法酒"，据万历时品尝过的顾起元（1565—1628）说"色味冠绝"[②]。但看来这也是见仁见智，明清之际的宋起凤则认为：

> 旧日禁中内造，杂薏苡为酿，色白，味洌。多饮败脑，

---

① 刘若愚：《酌中志》卷16。
② 顾起元：《客座赘语》卷9。

苦曲蘖胜也。①

内法酒有个总的名称，叫长春，分甜、苦二种。具体的酒名，除前述竹叶青、满殿香外，有太禧白、金茎露等。太禧白色如烧酒，彻底澄莹，浓厚而不腻，被视为绝品。金茎露，孝宗初年才有配方，清而不冽，醇而不腻，味厚而不伤人，有人誉之为"才德兼备之君子"②。崇祯皇帝很喜欢饮太禧白、金茎露，将之命名为长春白、长春露，宫中也就不再称太禧、金茎了。有首宫词说：

> 法酒清醇酿得工，尊罍亦自畅皇风。
> 太禧白与金茎露，不若长春是混同。③

平心而论，帝王居九五之尊，富有四海，能够运用至高无上的权力，搜集佳酿配方，调来最优秀的技师，总的来说，大内之酒，自是小民所酿不能望其项背；唯其如此，宫中制酒的配方，偶尔传至民间，莫不视为珍宝。高濂藏有"内府秘传曲方"，现转录如下：

> 白面一百斤，黄米四斗，绿豆三斗。先将豆磨去壳，将壳簸出，水浸，放置一处听用。次将黄米磨末，入面并豆末和作一处，将收起豆壳浸水，倾入米面豆末内和起。如干，再加浸豆壳水，以可捻成块为准，踏作方曲，以实为佳，以粗卓晒六十日。三伏内做，方好造酒，每石入曲七斤，不可多放。其酒清冽。④

---

① 宋起凤：《稗说》卷3。
② 顾清：《傍秋亭杂记》卷下。
③ 《明宫词》。
④ 高濂：《遵生八笺》卷12。

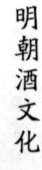

我想，今日酒家有兴趣者，不妨一试。

三、宣宗《酒谕》

皇帝毕竟是皇帝，其举手投足，往往影响整个国家、社会。以饮酒而论，如普通百姓，即使发起酒疯来，多半是在家门中闹些小风波而已。而皇帝嗜酒，则有可能败坏国家大事。因此，大臣往往向皇帝进谏，劝其节酒。如李贤（1408—1467）在给代宗朱祁钰（1428—1457）的"上中兴正本疏"中，即提出：

> 夫宴乐乃害心之鸩毒，酒色实伐性之斧斤。伏望陛下以前代圣贤之君为法，绝去嗜欲之私，养其清明之德，以斯民未被其泽为忧，以天下未得其宁为念。①

而对于大臣，皇帝更不会允许他们溺于酒海，严重的，将被枷号示众，甚至革职。对于此事，有明一代皇帝中，以宣宗朱瞻基（1398—1435）抓得最紧。他鉴于"郎官御史以酗酒相继败"，专门撰写了《酒谕》。这是明代酒史中很有价值的文献，引了《周礼》、《书经》及古圣贤的明训，说明酗酒的危害性：

> 天生谷麦黍稷所以养人，人以曲蘖投之为酒，《周官》有酒正，以式法授酒材，辨五齐之名、三酒之物，以供国用。《书》柜鬯二卣曰明禋，《诗》既载"清酤赉我，思成以享"，

---

① 《明经世文编》卷36。

祀神明也。"厥父母庆,洗腆致用酒",以事亲也。"岂乐饮酒",以燕臣下也。"酒醴维醹,酌以大斗","酾酒有衍,笾豆有践",燕父兄及朋友故旧也,皆用之大者,酒曷可废乎?而后世耽嗜于酒,大者亡国丧身,小者败德废事,酒其可有乎?自大禹疏仪狄戒甘酒,成汤至帝乙罔敢崇饮,文王、武王戒臣下曰"无彝酒",曰"德将无醉",曰"刚制于酒",孔子言"不为酒困",又礼有一献百拜,然则酒曷为不可有哉?夫非酒无以成礼!非酒无以合欢,惟谨圣人之戒而礼之率焉,庶乎其可也。①

显然,这篇历史文献中所引孔子的名言"不为酒困"等明训,以及宣宗说的"耽嗜于酒,大者亡国丧身,小者败德废事",即使在今天,仍然不失为长鸣的警钟。诚然,今天的世界比古代复杂得多,因嗜酒亡国,不可能再发生。但是,澳大利亚的土人,有钱即买酒,有酒则必痛饮而至于酩酊大醉,从早到晚,几乎全泡在酒中,人们正担心这些土人,将因嗜酒而导致绝灭种族。这与我国殷人嗜酒而亡国,如出一辙。

四、状元酒

现在南方——主要是杭州、江西产的黄酒里面,仍然有状元红酒。我喝过,口感甚好,旧时有"一朝闻名天下知"一说,书生不管贫富,一旦中举,政治地位、经济地位立刻大为改变,官府派报喜事,身后待有水泥匠,把中举者家门庭捣毁,同时水泥匠立刻把门庭修好,

---

① 余继登:《典故纪闻》卷9。

叫"改换门庭"。不仅村邻齐来道贺,远村大户也纷至沓来,送礼甚至献田,更有知县老爷从城中来道贺,村庄为之沸腾。举人尚如此,况状元乎?

戏曲作品中,写状元故事者甚多,黄梅戏《女驸马》更是名动京城,拍成电影。但史书记载状元宴请宾客情景甚少。

明宋懋澄著《九籥集》有《顺天府宴状元记》载状元宴客酒状况甚强,现节引如下:

> 万历丁未春三月十八日,偶之顺天府,答拜一贵人,既及门,见群役骏奔,有驱数羊入府门者,余不知所为,随众而入,避于土地庙,须臾,鼓乐喧甚,有旗数十队,列于大门内,见首甲三公,至旗前下马,顺天府丞乘煖舆继其后,抵二门,余为衙官所拒,遂趋至贵人门投刺,谒者云:"主人方有事公宴,至七献始毕,郎君须面谒,何不乘暇至厅事一观乎?"余然之,遂脱从者帽,衣青衫,作赵武灵故事,自堂后趋至院中,见首甲三公,与府中五公,分宾主礼,献酬之仪备具,每行礼,府丞不与诸僚属同,就位则三公面南,府中五公俱北。其食前三公皆方丈,而有花罩蹯其前,府丞亦如之,群公咸稍杀。酒初献,止乐,教坊官致辞毕,有优人戴判官面目而上,手持数笼,两绮服人从傍赞辞,判官持笼,照耀数番,提一寿星出,复纳其中,簸弄再三,若复有所出,竟杳然而下。二献,则上弦素调,唱"喜得功名遂",乃吕圣功破窑记末出也。唱者之意,岂欲讽状元毋以温饱为事耶?迨三献,则一人手持三丸,弄之良久。四献,更事弦索。五献,则二人戴钟、吕假面作胡旋舞。夫三公方极人间之荣,而遽傲之以钟、吕,若浓若淡之间,似于有意无意矣。六献,

复陈弦索。七献,奏细乐,止献,先彻榜首五卓,每彻一卓,则榜首之头渐露少许,由此思之,当优人演剧,榜首直埋头于果间耳。当其时蓝缕之夫,踉跄厅事,殊失大体,以次渐彻,彻至府丞,而八座悉起,宾主各一揖而出,主人送客至二门,候客上马,复出一拱而散,府丞随送榜首归第。嗟乎:国家待士之隆,至于此而极矣,回视囚首跣足之时,荣辱不天壤乎:余谓始之辱之,如汉高之踞见黥布,已而荣礼之,如黥布之集膻邸中,此皆英主所以驭豪杰也。方之师友之朝,虽邈哉邈矣,顾今日之宠荣,其谁锡之,秋毫皆天子之恩泽,而敢有二志。余以为若黄子澄之于圣祖,杨用修之于孝、武二宗,可谓无愧处变。商弘载之忠盖庙廊,罗豫章之经济田野,可谓上无负天子,下不负所学矣。余观三公皆恂恂不失儒者,而榜首公犹故衣敝靴,不事修饰,观者皆唧唧叹异。使能终守其恂恂,由此而卿相,亦何至于骄吝哉?三公服饰皆等,惟榜首所披之红,乃金绣云鹭,它无异也。草野之见,不敢妄訾大典,窃意教坊杂剧,不当陈于醮进之初,宜一切罢去,而独存八音之奏,七献毕,则宾主当速起别,以下傣司彻,不宜坐俟彻毕,似以酒食为重者,未审莅事以为云何。余久居京师,当皇太子初出阁就讲,有故人为讲官,约余往观,余耻衣青衣,与奴仆等辞之。后遇皇太子冠婚册立,及皇太孙生,咸可遥瞻圣颜,友人亦拉余往,余皆苦晨兴,卒不肯就微服,今竟以邂逅得睹盛典,虽见所未见,然亦可以占余之衰矣。

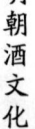

五、头脑酒

当然,反对"耽嗜于酒",绝对不等于禁酒。对于臣下的适当饮酒,皇帝不但不反对,有时还十分关心。如生性宽厚平和的孝宗朱祐樘(1468—1505)曾经问一内侍:"今衙门官,每日早起朝参,日间坐衙,其同年同僚与故乡亲旧亦须燕会,哪得功夫饮酒?"内侍回答:"常是夜间饮酒。"孝宗听后忙说:"各衙门差使缺人。若是夜间饮酒,骑马醉归,哪讨灯烛?今后各官饮酒回家,逐铺皆要笼灯传送。"①从此,形成定制,北京、南京都一样,虽风雪寒冷之夜,"半夜叫灯,未尝缺乏"。应当说,像孝宗这样关心体贴臣下的皇帝,在中国历史上,并不多见。

事实上,皇帝用于赏赐的酒,数量是相当可观的。在明朝典礼中,每宴必传旨:"满斟酒。"又云:"官人们饮干。"李东阳(1447—1516)有诗谓:"坐拥日华看渐近,酒传天语饮教干。"此外,还有一种在元杂剧、《水浒传》、《金瓶梅》中出现过,在今人看来似乎名称怪异的"头脑酒"。史载:"故事,自冬至后至春日,殿前将军甲士赐酒肉,名曰头脑酒。"②喝这种酒,目的在于御寒。在明朝史料中,有关"头脑酒"的记载,寥寥无几,基本上没有超出天启年间朱国祯所记录的范围。

> 凡冬月客到,以肉及杂味寘大碗中,注热酒递客,名曰头脑酒,盖以避寒风也。考旧制,自冬至后至立春,殿前将军甲士皆赐头脑酒,祖宗之体恤人情如此……景泰初年,以

---

① 何良俊:《四友斋丛说》卷18。
② 余继登:《典故纪闻》卷12。

大官不允,罢之。而百官及民间用之不改。

瑞州敖宗伯铣与吴宗伯山姻,家相近。敖豪饮大嚼,吴方初度,具冠服过,觞之。及门已苦饥矣,吴戏出句,欲敖对就,方具酒。句云:"暖日宜看胸背花。"敖应声曰:"寒朝最爱头脑酒。"一笑,共饮,极欢。①

从朱国祯的记载可以看出,在明朝,从官府到民间,"头脑酒"是相当风行的。而在江南,"吴人谓之遮头酒"②。遮者,挡也;严冬季节,寒风刺骨,易使人伤风头痛,北方尤甚,饮"头脑酒",则可以挡风驱寒,以免头痛。今天的山西太原,仍然还有"头脑酒",20世纪50年代初期,山西有位郭本堂先生,写信给上海研究《水浒传》的何心先生,告诉他,在太原,每逢冬令,各饭馆都有"头脑酒"出售,"把羊肉数块和藕根等放在大碗里,用黄酒掺入。吃的时候,配以类似面包的熟食品,当地叫作'帽盒子'……'头脑酒'是用羊肉、生姜、煨面、曲块、莲叶、长山药、酒糟、腌韭八种原料配合而成,所以另有一个名字,叫作'八宝汤'"③。察今知古,也许明朝的"头脑酒",大体上也是如此。

皇帝所赐酒,通称为"皇封之酒"④。以赏赐给宗室藩王的酒为例,永乐初,周王朱橚诞辰,即赏酒百瓶,立春,又赏酒千瓶。⑤而对藩王到所封之地就任(史称"之国")的赏赐,如谷王朱穗去长沙,赐酒二十瓶。藩王来京朝贺,也赏赐美酒。如永乐二年(1400),赐给周王

---

① 朱国祯:《涌幢小品》下,卷17。
② 徐复祚:《花当阁丛谈》卷7。
③ 何心:《水浒研究》。
④ 《明经世文编》卷16。
⑤ 王世贞:《弇山堂别集》卷6。

朱橚酒千瓶。永乐九年（1411），赐给谷王朱橞酒五百瓶，①等等。

六、太祖、武宗逛酒店

明朝有的皇帝，如太祖朱元璋、武宗朱厚照（1491—1521），喜欢微服出访，逛逛酒店，有时也就给幸运者带来机会。有一次，翰林学士刘三吾（1313—？）陪太祖微行，在一家村店小饮，惜无下酒之菜。朱元璋一时兴发，念出一副对联的上联："小村店三杯五酌，无有东西。"小酒店的主人有捷才，马上对出下联："大明国一统万方，不分南北。"朱元璋十分高兴，第二天早朝时，派人将这位小店主找来，让他做官，但"店主辞不受"②，视乌纱如敝屣，真是难得。而有个叫任福的人，在上元节登楼买酒，巧遇微服出游、在外间独酌的朱元璋。他赶忙下跪，朱元璋却连连摇手，叫他不要声张。朱元璋问他的姓名，任福告知，是国子监生，四川重庆府巴县人。朱元璋便叫他对对联，并出上联道："千里为重，重水重山重庆府。"任福很快对出下联："一人为大，大邦大国大明君。"此公真乃拍马能手，而且立竿见影：第二天，朱元璋便授给他浙江布政使。③

七、小吏张泽的历史眼光

也还有另一种情形：当"潜龙在渊"，皇帝倒霉，想喝酒而不可得时，谁有胆量给他弄来酒，日后他一旦再"龙飞九五"，当然是不会忘记的。英宗朱祁镇（1427—1464）被瓦剌放还，软禁在深宫时，待

---

① 王世贞：《弇山堂别集》卷67。
② 周晖：《二续金陵琐事》。
③ 同上。

遇不佳。某日，他想喝些酒，吃顿好饭，光禄寺的官们不给。但该寺的一位小吏，浚县人张泽，却认为：英宗并非历史上晋怀帝、晋愍帝及宋徽、钦二帝那一类昏君，如果他将来重新登位，光禄寺肯定吃不了兜着走。于是，他便偷偷地弄来酒食，献给英宗。后来英宗复辟成功，"光禄官皆得罪，即日拜泽为光禄卿"，"风物长宜放眼量"。① 区区小吏张泽，不失为有历史感的人。

第二节 酒与宦官

一、酒醋面局

一方面，如前所述，御酒房是由宦官负责管理的。而皇帝每日饮酒的具体事宜，自然也是由宦官司其事。刘若愚载谓："御茶房秩视御药房，分两班，牌子四员，常行近侍三四十员，职司茶酒瓜果。"② 另一方面，宦官无人不饮酒，其中有的人，更是名副其实的酒鬼。如臭名昭著的魏忠贤（1568—1627），"性贪饕，善饮啖，尤好啖犬肉"③。另一个著名宦官徐应元，经历与魏忠贤很相似，"不识字，幼无行，宿娼饮博"④。宦官与宫人等所需酒食，由宦官管理的专门机构"酒醋面局"职掌其事，设掌印太监一员，管理佥书十余员，经管酒面诸物，"与御酒房不相统辖"⑤。宦官中的很多人，性甚贪鄙，贪污、盗窃，司空见

---

① 龙文彬：《明会要》卷38。
② 刘若愚：《酌中志》卷16。
③ 刘若愚：《酌中志》卷10。
④ 刘若愚：《酌中志》卷15。
⑤ 刘若愚：《酌中志》卷16。

惯。时人曾揭发："酒腊面局，近以本衙门互相攻发，贪迹显著。"①

二、勒索、受贿、贸易

在宦官的经济活动中，涉及酒的，其勒索、受贿、贸易，都是值得注意的。

明朝派往各地负责镇守或采办的宦官，大部分都很贪酷。正德十六年（1521），何孟春（1474—1536）在《除革内官疏》中，曾抨击宦官在云南的种种科敛扰民状，仅昆明县，即"取酒米并捕猎及看草场并数珠等户丁共二百七十九丁"②。崇祯时河北真定巡按李模，疏劾分守太监陈镇，到处伸手，"即藁城一县，勒送银壶二把，金盘盏四副"③。至于受贿，则不胜枚举。有这样一个富有戏剧性的故事：两个大臣侍讲筵，皇帝请教了他俩很长时间后，说"先生们甚劳"，命赐酒。太监拿出两只金酒杯，很大，杯中刻有"门下晚生某进"的字样。此某不是别人，正是这两个大臣，在拍大宦官马屁时特意铸造的，而这个宦官垮台后，家产被抄一空，统统归入皇家内库中了。这两个人模狗样的讲筵官，在此时此地见到自己的罪证，既惭愧，又害怕，赶忙叩头告辞。④而在大宦官刘瑾（1451—1510）的抄家物资中，即有"金银汤（按：应系酒之误）盅五百"⑤。虽然比起他被没收的"金二十四万锭，碎金五万七千八百两"⑥等令人惊诧的巨额贪污、受贿的财富来说，只能说是小意思。但对平民百姓来说，即使是做梦，也不

---

① 《明经世文编》卷 102。
② 何孟春：《何文简疏议》卷 8。参见王春瑜、杜婉言编著：《明代宦官与经济史料初探》，中国社会科学出版社 1986 年版。
③ 文秉：《烈皇小识》卷 5。
④ 胡山源：《古今酒事》。
⑤ 陈洪谟：《继世纪闻》卷 3。
⑥ 田艺蘅：《留青日札》卷 35。

敢奢望拥有如此多的金银酒盅的。

明朝大约从成化年间起，宦官开始经商，正德时全面开铺。大体上包括经管官店、监管皇店、贩卖私盐和其他物品、私开店房等。太监于经"首开皇店于九门、关外、张家湾、宣大等处，税商権利"①，"科取扰害，人皆怨咨"②。宦官经营的官店，最著名的有宝和、和远、顺宁、福德、福吉、宝延等（按：均在今王府井大街一带），每年所贩来的烧酒，即约有四万篓之多，大曲约五十万块，中曲约三十万块，面曲约六十万块，京城自造细曲约八十万块，四直大曲约一十万块。③显然，他们经营的酒、曲数量，是相当可观的。

三、生漆酒

在明朝后期激烈的政治斗争中，酒也成了特殊的工具。穆宗朱载垕（1536—1572）死后，大学士高拱（1512—1578）在内阁中大哭道："十岁太子，如何治天下。"大宦官——集司礼监掌印、督特务机关东厂内外大权于一身的冯保，闻讯后，立即在后妃前进谮。高拱被罢官后，冯保仍不罢休，必欲置高拱于死地，以彻底铲除这个政治上的老对手。他与张居正（1525—1582）勾结起来，设下一个可怕的政治陷阱：收买被东厂关押的囚犯王大臣，在他的袖子里放了一把刀，让他诬告高拱对朝廷不满，派他行刺皇帝。这是弥天大罪，如果一旦狱成，高拱将被千刀万剐，并株连九族。但是，当锦衣都督朱希孝等对王大臣正式审讯、严刑逼供时，王大臣走投无路，大声呼叫："许我富贵，怎么又拷打我？我在什么地方认识高阁老！"朱希孝一听，觉

---

① 谭希思：《明大政纂要》卷44。
② 徐学聚：《国朝典汇》卷19。
③ 刘若愚：《酌中志》卷16。

得此案实在是关系重大，牵涉冯保的阴谋诡计，哪里还敢再审？杨博、葛守礼等大臣，都保高拱，力辟其冤，张居正迫于众议，也不得不装模作样地批评冯保几句。冯保见阴谋败露，便杀人灭口，"乃以生漆酒喑大臣，移送法司坐斩"①。生漆酒，不知是否即将生漆置于酒中制成？这是一种特制酒，看来除了用于害人外，不会有其他用处。

四、干醉酒

晚明宦官专权，特务横行，冤狱林立。人们如果稍有不满，议论一下国事，发一点牢骚，往往便会大祸临头，甚至惨遭杀害。魏忠贤（1568—1627）把持朝政时，"民间偶语，或触忠贤，辄被擒戮，甚至剥皮、刲舌，所杀不可胜数，道路以目"②，"而士大丈无一夕敢舒眉欢宴，坐谈间无一语敢稍及时事"③，在这种鸦雀无声、全国笼罩着一片恐怖的气氛中，如果喝酒的人不小心，发牢骚、骂娘，便会给自己带来杀身之祸，这是生活在政治局面正常状态下的人们所难以想象的。史载："有四人夜饮密室，一人酒酣，谩骂魏忠贤，其三人噤不敢出声。骂未讫，番子（按：东厂及锦衣卫派出的特务）摄四人至忠贤所。"您猜结果怎样？"即磔骂者"，骂魏忠贤的人被剥皮、碎割，其余三人吓得魂飞魄散！④还值得一提的是，东厂特务的酷刑，就叫"干醉酒，亦曰搬罾儿，痛楚十倍官刑"⑤。呜呼，酒也，"万恶假汝名以行之"！

---

① 《明史》卷305《列传第一百九十三》。
② 同上。
③ 薛冈：《天爵堂文集》卷19《杂著·丑寅闻见志》。
④ 《明史》卷95《志第七十一·刑法三》。
⑤ 同上。

五、宦官与酿酒业的发展

当然，在宦官与酒的问题上，不能简单化地认为宦官专干坏事，毫无贡献可言。宦官人数众多，人品、才能，参差不一，其中的佼佼者，对明朝的文化，做出了积极的贡献。① 有的宦官精于酿造技术，保存制酒秘方，这对酿酒业的发展，无疑起了促进作用。谢肇淛（1567—1624）在评论宦官所酿之酒时说："大内之造酒，阉竖之菽粟也；而其品猥凡，仅当不膻之酥酪羊羔。"② 这种一笔抹杀的论调，显然有失公允。爱屋及乌，未必可爱，而恨屋及乌，则未免可笑了。

第三节 酒与政风

一、孙慧郎

明初左丞相胡惟庸（？—1380），是被朱元璋坐稳全国第一把交椅后，"烹"掉的"功狗"之一。《明史》将他列入《奸臣传》。近来有人著文为胡惟庸全面翻案，认为他的那些罪状，乃罗织而成，纯属朱元璋一手炮制的冤狱。这当然是可以研究的。但胡惟庸此人，身居高位，生活奢靡，政风不佳，而其贪酒好饮，又不能不影响他的"齐家治国平天下"。最令人称奇的是，他竟挖空心思，养了十几只猴子，像人一样，穿上衣服，戴上帽子，经过训练后，这些猴子能行拜跪礼，

---

① 详参拙作《论明朝宦官与文化》。
② 谢肇淛：《五杂俎》卷11。

会打躬作揖，还会跳舞，而吹的竹笛，居然声音悦耳。如有客人来，便叫猴儿们"供茶行酒"，"称之为孙慧郎"①。史书还记载说：

> 吉安侯陆仲亨自陕西归，擅乘传。帝怒责之，曰："中原兵燹之余，民始复业，籍户买马，艰苦殊甚。使皆效尔所为，民虽尽鬻子女，不能给也。"责捕盗于代县。平凉侯费聚奉命抚苏川军民，日嗜酒色。帝怒，责往西北招降蒙古，无功，又切责之。二人大惧……见惟庸用事，密相往来。尝过惟庸家饮，酒酣，惟庸屏左右言："吾等所为多不法，一旦事觉，如何？"二人益惶惧，惟庸乃告以己意，令在外收集军马。②

看来，胡惟庸常在家中与一些对朱元璋不满，而又沉湎于酒的大臣，在一起痛饮，于连连干杯声中，策划阴谋，甚至在自己家的井上做文章，"隔墙别凿一孔，与井相通，日输甘旨转注之，讹言醴泉出，以惑上听"③。据说，他以此来吸引朱元璋亲自去观看，预先埋下武士，图谋不轨。幸亏太监云奇侦知之，使朱元璋识破了胡惟庸的诡计，将他逮捕。如此看来，胡惟庸的垮台，与酒的关系是很密切的。这样的记载，今天我们如想一笔勾销，又谈何容易。

二、严嵩置酒高会

有的海外学者对严嵩（1480—1567）的评价，提出新的看法，这无疑活跃了学术气氛。其实，清初修《明史》时，对严嵩的评价，就

---

① 梁维枢：《玉剑尊闻》卷10。
② 《明史》卷308《列传第一百九十六》。
③ 赵善政：《宾退录》卷1。

发生过激烈的争论，最后否定了为严嵩翻案的意见。[1]我认为，不管怎么说，严嵩父子（严世蕃，？—1565）的贪得无厌，是千真万确的，实属人所不齿。当时京中称严氏父子为"钱癞"，而且荒谬绝伦的是，据说"父子聚贿，满百万，辄置酒一高会（按：即盛大的庆祝宴会）。凡五高会矣，而渔猎犹不止"[2]。这实在是旷古奇闻，天大的笑话。也许这条史料，未可尽信。但是，严嵩父子用各种非法手段聚敛的财富，又何啻是"五高会"，亦即五百万两。现仅将严嵩垮台后被抄家的物资清单上，酒具部分抄录如下，相信只此一端，也足以使吾人为之瞠目的：

> 金酒盂九个（共重二十四两八钱）、大金酒盂十个（共重三十六两二钱）、中金酒盂十个（共重二十九两三钱）、小金酒盂一十一个（共重三十二两）、金酒盂三个（共重一十两零八钱）、金双鱼耳龙字酒杯二个（共重三两二钱）、金素日月耳大圆酒杯二个（共重五两九钱五分）、金寿星仙人劝酒杯十个（共重四十七两五钱）、金寿字双耳圆酒杯六个（共重一十两零五钱五分）、金毕吏部酒缸一个（重五两八钱）、金嵌宝螭耳酒杯二个（共重八两三钱）、金嵌宝菊花酒杯三个（共重四两一钱）、金嵌宝葵花酒杯一十九个（共重三十六两三钱）、金嵌宝无耳葵花酒杯九个（共重一十一两二钱）、金嵌宝莲花酒杯二个（共重三两二钱）、金嵌宝圆酒杯二十八个（共重五十六两五钱四分）、金嵌宝八角酒杯二个（共重四两四钱）、金嵌宝石酒杯二十七个（共重四十一两五钱）、金酒壶四把（共重三十七两）、金酒盘一个（重

---

[1] 阮葵生：《茶馀客话》卷3.
[2] 冯梦龙：《古今笑史》。

一十一两一钱)、金酒杯二个(共重一两九钱)。①

这些金酒杯、酒盂、酒缸的重量,即不下一万七千余两,而其实际价值,又绝对不是仅以重量所能显示的。且不论所嵌宝物的珍贵,制作这些精美绝伦的酒器,该又耗费多少巧匠的心血!

三、况钟禁酗酒

况钟(1383—1442)是明代著名清官。一曲《十五贯》,天下知况钟;他与因《海瑞罢官》而闻名天下的海瑞(1514—1587),在现代中国,几乎是家喻户晓的人物。况钟先后任苏州知府十三年之久,除弊政,惩凶顽,修水利等,使他深受百姓爱戴。他很注意酒的节饮,在宣德五年(1430)的《填注善恶簿榜示》中,即抨击"城市富民奢侈太甚,缙绅族亦复有然。锦绣铺张,梨园燕饮,率以为常"②。要他们在"榜示之后,各崇俭朴","永革敝俗"。在宣德七年五月的《填注善恶簿榜示》中,更严厉禁止酗酒。③这对保证江南社会秩序的安定,无疑是有积极意义的。

四、东袁载酒西袁醉

与况钟辈截然相反的是,明代有些贪官、昏官,尸位素餐,唯知以酒食为乐,遭到百姓的唾弃,留秽名于百世。据说,有一官"嗜酒怠政,贪财酷民",断事稀里糊涂,百姓怨恨,便作五言诗一首,对他

---

① 佚名:《天水冰山录》。
② 况钟:《况太守集》。
③ 同上。

加以无情的鞭笞:"黑漆皮灯笼,半天萤火虫。粉墙样白虎,青纸画乌龙。茄子敲泥磬,冬瓜撞木钟。但知钱与酒,不管正和公"①。有个松江"父母官"的故事更典型,现录如下:

> 松江旧俗相沿,凡府县官一有不善,则里巷中辄有歌谣或对联。颇能破的。嘉靖中,袁泽门在郡时,忽喧传二句云:"东袁载酒西袁醉,摘尽枇杷一树金。"盖泽门有一同年亦袁姓者,住府之东,颇相厚昵,时有曲室之饮,故当时遂有此谣。人以为沈玄览所造,遂以事捕之,瘐死狱中。沈平日有唇吻,善讥议,然此谣实不知其果出于沈否也。②

这个姓袁的松江郡守,经常与同年饮于曲室,还能有多少心思置于政事?百姓传联讽之,竟不惜制造冤狱,将人整死,专制淫威,令人切齿。与这个"西袁"堪称一丘之貉的,还有一个姓名待考者,其人其事,一直作为笑柄在民间流传。

> 明季一知州,日以酒色为事,民词案牍从无清理,一切委之吏目。其吏目亦无明白审办者,一味颟顸了事。时人为之语曰:"知也糊,目也糊。"两官风闻入耳,严捕之,得诵是语者二人,鞫之。一供是买猪者,猪牙赚渠钱不知多少;一供是买木者,木客赚渠钱不知多少。故二人偶语"猪也糊,木也糊"。此一时遁词,流传至今,竟为市井口号。③

---

① 《秋夜月》上卷中层附录《时尚笑谈·嘲官不明》,转引自王利器辑录:《历代笑话集》。
② 何良俊:《四友斋丛说》卷18。
③ 王有光:《吴下谚联》卷1。

吴语猪、知同音，而木、目谐音。这两个无视民瘼，唯知沉湎酒色的知州、吏目，在百姓心目中，事实上被看成与猪、木同类。民之口诛，严于斧钺，此又一实例也。贪官污吏，应当为之胆寒！

五、县官卖酒

嘉靖时山东临朐人冯惟敏（1511—约1580）在涞水县当知县，治绩甚佳，忌恨者竟"诬以卖酒"，致使落职。冯惟敏因此"戏为县官卖酒"，作套曲《双调新水令》，极尽讽刺之能事，堪称绝唱：

【驻马听】画戟高牙，不比寻常卖酒家；香车驷马，非同小可泼生涯。草刷儿斜向县门插，布帘儿飘飒谯楼下。忒清高真秀雅，把厅堂净扫新装榨。……

【得胜令】一个掌柜的坐官衙，一个写账的判花押，一个承印吏知钱数，一个串房人晓算法。这一个呆瓜，不吃酒便要当堂骂；那一个油花，不要钱就将官棒打。

【沉醉东风】一个个攘账的翻盆弄瓦，一个个少钱的带锁被枷。假若系良民且休索，是穷鬼饶他罢。账难清屡次驳查，展转那移下笔差，定门拟知情枉法。……

【折桂令】琴堂中满泛流霞……醉汉升堂，糟头画卯，酒鬼排衙。五更筹双双双一迷里投壶打马，三通擂冬冬冬都做了击鼓催花。钞不料罚，价不争差，只图个脱货求财，胜强如害众成家……①

---

① 冯惟敏：《海浮山堂词稿》卷4《附录》。

全曲嬉笑怒骂，真令人忍俊不禁。但透过这支妙语连珠的套曲，我们倒也从反面可以窥知，明朝的"官倒"，还不敢倒卖酒，否则就要被人告发。

六、京官的长夜之饮

陆容（1436—1494）有谓：

> 古人饮酒有节，多不至夜……长夜之饮，君子非之。京师惟六部十三道等官饮酒多至夜。盖散衙时才得赴席，势不容不夜饮也。①

由此可知，明中叶堂堂京中六部十三道官员，很多人都爱深夜饮酒。无数历史事实证明，凡是酒风大炽日，常是政风败坏时。明中叶后，政风日差，国运渐衰，这与占据高位的大官们纵酒怠政，也是不无关系的。到了崇祯年间，各种社会矛盾、政治矛盾日益尖锐，很多官吏白天忙于钻营门户，"及夜，又有呼庐斗彩之会，飞觞引满，耗竭神情，虽职司章奏，无虑万端，亦但主吏奉行，官曹初不曾省视"②。"而世家子弟，向号淳谨有法度者，多事豪饮，以夜为昼。"③显然，他们互为表里，争相腐败，在一天天烂下去，走向灭亡。

---

① 陆容：《菽园杂记》卷14。
② 史玄：《旧京遗事》。
③ 朱国桢：《涌幢小品》卷17。

七、明朝官场吃喝风考略

明朝官场吃喝风中的第一号名人，当推明朝建国初期的左丞相胡惟庸。此公不仅经常拉拢一帮子权贵在家中酣饮，而且挖空心思，把十几只猴子训练成能打躬作揖，跳舞吹笛，宴客时，就让它们端茶斟酒，并雅称为"孙慧郎"①。而比起胡惟庸来，嘉靖时的权相严嵩，则更为荒唐离奇，他和其子严世蕃，不仅生活奢豪，连尿壶都是金、银制成，日享珍馐百味。而且每当贪赃受贿满百万两，就大肆请客以示庆祝。严嵩垮台后，从他家抄出的金酒杯、酒盂、酒缸的重量，即不下一万七千余两。②

胡惟庸、严嵩，近年来史学界对其评价有争议，但多数人仍认定他们是历史上的反面人物。而万历初的名相张居正，近年来则声价倍增，公认是明代最杰出的改革家。但正是这位张居正，在大刮吃喝风方面，并不比胡惟庸、严嵩逊色。他的父亲病逝，奉旨归葬时，沿途都有特派的厨师伺候，上等佳肴"过百品"，"犹以为无下箸处"③。饱食思淫乐。他因姬妾众多，大吃补药。名将戚继光投其所好，献给他不少海狗肾，致使"终以热发"，"竟以此病亡"④。

上梁不正下梁歪。权臣如此讲究吃喝，下属官吏，怎不竞相效尤？如宣德三年（1428），御史严皑、方鼎、何杰等，就因"沉湎酒色"被宣宗命令枷号示众。⑤次年，宣宗又指出，"近闻大小官……沉

---

① 梁维枢：《玉剑尊闻》卷10。
② 佚名：《天水冰山录》。
③ 焦竑：《玉堂丛语》卷8。
④ 沈德符：《万历野获编》卷21。
⑤ 《明史》卷95《志第七十一·刑法三》。

酣终日,怠废政事"①。嘉靖时,有个姓袁的松江郡守,不务正业,经常跑到城东的袁姓同年家中去痛饮,以致百姓哄传"东袁载酒西袁醉,摘尽枇杷一树金"②。

明代官吏及富家巨室的食品,不仅搜求四方之佳物,如时人谢肇淛所记述的那样:"穷山之珍,竭水之错,南方之蛎房,北方之熊掌,东海之鳆炙,西域之马奶,真昔人所谓富有小四海者,一筵之费,竭中家之产不能办也。"③有的宦官、大吏,搜奇猎珍,所食之物,简直出乎人们的想象。有个宦官吃的米,"香滑有膏",异于常品,产于何处?原来,"其米生于鹧鸪尾,每尾只二粒,取出放去,来岁仍可取也"④。而南京的宦官秦力强喜食胎衣,驸马都尉赵辉食女人月经,南京国子祭酒刘俊喜食蚯蚓⑤,等等行为匪夷所思,令人作呕。

吃喝风的盛行,必然进一步助长送礼、走后门的歪风。万历时,南京周晖在除夕前一天外出访客,至内桥,见中城兵马司前手捧食品盒的人,挤满了道路,以致交通堵塞。他很奇怪,一打听,才知道"此中城各大家至兵马处送节物也"⑥。当然,对于位居要津的权贵们来说,食品盒又何足道哉。万历中某侍郎收到辽东都督李如松送的人参,竟"重十六斤,形似小儿"⑦,如此奇珍,该又价值多少!《金瓶梅》描写清河县提刑千户西门庆,为了跟蔡、宋二御史拉关系,请他俩赴宴,一桌酒席竟"费勾千两金银"⑧,堪称是明代官场贪嗜好食、挥金如土的典型写照。

---

① 余继登:《典故纪闻》卷9。
② 何良俊:《四友斋丛说》卷18。
③ 《五杂俎》卷11。
④ 郑仲夔:《偶记》卷1。
⑤ 陆容:《菽园杂记》卷4。
⑥ 周晖:《二续金陵琐事》下卷。
⑦ 谈迁:《枣林杂俎》中集。
⑧ 《金瓶梅》第3册第49回。

不难想见，吃喝风的盛行，必然导致政风的腐败。你想，明代官俸最薄①，如自掏腰包，那样大吃大喝，他们早破产了！再者，成天琢磨吃喝，醺醺然，昏昏然，还有多少精力认真从政？而有的封疆大吏，为了讨好皇帝，在吃的上面大做文章，更使政风日颓。如弘治时的丘浚，任礼部尚书兼文渊阁大学士，本来政绩不错，却也未能免俗，费尽心机地制成一种饼，托宦官献给孝宗，但制法却又保密，致使孝宗食后大喜，下令尚膳监仿制，司膳者做不出，俱被责。对此，连当时的宦官都看不惯，说"以饮食……进上取宠……非宰相事也"②。

不能认为，明朝有作为的政治家，对上述官场的吃喝风，都熟视无睹。朱元璋就曾经一度禁酒，下令农民"无得种糯，以塞造酒之源"③。宣宗朱瞻基鉴于"郎官御史以酗酒相继败"，专门发布了《酒谕》，指出如果"耽嗜于酒，大者亡国丧身，小者败德废事"④。而著名的清官况钟，在江南的告示中曾一再抨击奢侈，禁止酗酒。⑤但是，所有这些，都收效甚微，至明中叶后，官场的吃喝风，更愈演愈烈。固然，这是封建社会的本质所决定的：每一个王朝，到了中叶，随着封建经济的繁荣，封建特权的加大，地主阶级的消费欲便日趋膨胀，消费幅度惊人地增长，直至激化各种社会矛盾，以王朝的崩溃而告终，明朝当然也绝不会例外。但我们仔细观察，则又不难发现，明朝的有关政策，互相矛盾，以及无连续性，不能不是未能制止官场吃喝风的重要原因。如朱元璋一方面禁酒，一方面又在南京先后建起十六座酒楼，在楼上或宴请百官，或招待"四方之商贾"，并用

---

① 赵翼《廿二史札记》卷2。
② 陈洪谟：《治世馀闻》下篇卷1。
③ 余继登：《典故纪闻》卷1。
④ 余继登：《典故纪闻》卷9。
⑤ 《况太守集》。

官妓侑酒。[1]而以酒而论，纵观整个明代，根本上就是实行放任自流的政策。在这样的政治背景下，要刹住官场的吃喝风，当然是不可能真正奏效的。

第四节　酒与外交

一、宴请来使

明朝与欧、亚、非的不少国家都有友好往来。宴请外国使者，需用美酒，自不待言。史载光禄寺的职能之一，便是"凡筵宴酒食及外使、降人，俱差其等而供给焉"[2]。

二、光禄寺的花招

自古以来，中国人便有好客的传统，对穿越惊涛骇浪、风波万里的远方外宾，更是优礼有加。但是，小人作祟，苛待外宾的事，还是偶有发生。时人在奏疏中，曾呼吁"敦怀柔以安四夷"，揭露光禄寺公然在招待外宾的酒中掺水。疏谓：

> 自成化年间以来，光禄寺官不行用心，局长作弊尤甚。凡遇四夷朝贡到京……朔望见辞酒饭，甚为菲薄，每碟肉不过数两，而骨居其半。饭皆生冷，而多不堪食，酒多掺水，

---

[1]　周晖：《二续金陵琐事》。
[2]　《明史》卷74《志第五十·职官三》。

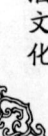

而淡薄无味。所以夷人到席，无可食用，全不举箸……安南、朝鲜知礼之邦，岂不讥笑？……非惟结怨于外邦，其实有玷于中国。①

这篇奏疏是中国古代外交史上含有苦涩味的有价值的文献。揩油揩到国宾头上，真乃匪夷所思。从酒风可观政风，明中叶后政治局面渐趋一团糟，此乃大明帝国政治肌体不断溃烂之结果也。

---

① 《明经世文编》卷62《马端肃公奏疏》。

第三章 月斜不斩酒筹多——酒与明朝文化艺术

第一节 酒具

一、五花八门的酒具

酒具包括酒盂、酒瓮、酒盅、酒杯、酒壶、温酒炉等等，门类繁多。达官豪富之家，挥金如土，酒具的精致贵重，自不待言，从前述严嵩抄家清单上的酒具，不难看出，一户穷苦百姓的全部家当，也抵不上严嵩的一只金酒杯。古典小说《金瓶梅》中描写的，集官、绅、商、恶霸于一身的西门庆，家赀富饶，一桌酒宴，竟花去一千多两银子。①其酒具主要有：劝杯、银高脚葵花盅、银镶盅儿、团靶勾头鸡膝壶、金莲蓬盅、大银衢花杯、小金把盅、银酒杯、银执壶、大金桃杯、莲蓬高脚盅、通天犀杯、玉杯、犀杯、赤金钻花爵杯、黄金桃杯、乌金酒杯等。②这是巨豪所用酒具的真实反映。

我国幅员辽阔，南北风土不同，生活方式差异很大，这在酒具上也反映出来。如海南岛盛产椰子，便风行以椰子作酒瓢。时人宋讷曾

---

① 《金瓶梅词话》第 3 册第 49 回。
② 《金瓶梅词话》第 1、第 2、第 3、第 4 册的有关部分。

写了一篇很长的《椰子酒瓢赋》，予以讴歌，其中有谓：

> 祝融之荒，朱崖之疆，有木维椰，花实同芳……采一壳之贞姿，破半瓠之异常，不漆而玄，不老而苍……酹一瓢于坡仙，吊谪居之闻望……愿常加乎洗涤，示清白以保藏。①

二、黑玉酒瓮

中国之大，无奇不有。最大的酒瓮，当推"黑玉酒瓮"，史载："元朝万岁山广寒殿内设一黑玉酒缸，玉有白章，随其形刻鱼兽出没波涛之状，其大可贮酒三十余石。"②这样大的玉酒瓮，世所罕见。此宝物在明代安然无恙，并历经劫波，至今仍完好无缺地伫立在北海的团城内，让游人观赏。

明代最昂贵的酒器，大概是玛瑙酒壶，最想入非非的酒器，当推美人杯，最符合养生之道的酒器，则非平心杯莫属，最寒碜的劝酒器，莫过于"子孙果盒"了。

三、玛瑙酒壶、犀杯、美人杯

玛瑙酒壶，据说本是明初"富可敌国"的沈万三的藏品，其质透明，像水晶，中有葡萄一串，如墨点，因此称为"月下葡萄"。沈万三被籍没后，此物辗转流入一位叫梅元衡的官吏手中，元衡死后，此物不知所在。直到天顺年间，才被重新发现，后落入宦官手中。③

---

① 黄宗羲：《明文海》卷46。
② 蒋一葵：《长安客话》。
③ 朱国桢：《涌幢小品》卷17《陈湖道士》。

用犀牛角制的杯，当然也是十分名贵的。有人在海南曾见过一种犀杯，"斟酒昼则日、夜则月见于酒中，酒尽即隐"[1]。真是巧夺天工，令人称奇。

所谓美人杯，冯惟敏在《黄莺儿·美人杯》中，有很生动细致的描写：

> 掌上醉杨妃，透春心露玉肌，琼浆细泻甜如蜜。鼻尖儿对直，舌头儿听题，热突突滚下咽喉内。奉尊席，笑吟吟劝你，偏爱吃紫霞杯。
>
> 春意透酥胸，眼双合睡梦中，娇滴滴一点花心动。花心儿茜红，花瓣儿粉红，泛流霞误入桃源洞。奉三钟，喜清香细涌，似秋水出芙蓉。[2]

读了这首《黄莺儿》，不能不使人感到，明朝的某些士绅，实在是匪夷所思。

四、平心杯

平心杯是限酒杯。时人刘定之曾作《平心杯赞》，将这种杯子的形状、功能，描写得清清楚楚：

> 陶瓷为杯，有童中立。斟之以酒，浸趾没膝。汇腰平心，不可复益。益则下漏，淋漓滴沥，至于桮干，衣履尽湿，童

---

[1] 王肯堂：《郁冈斋笔尘》卷4。
[2] 冯惟敏：《海浮山堂词稿》卷2上。

仆窃笑，宾主失色。维昔哲匠，用戒贪得。岂惟酒哉，可该凡百。①

这种酒杯真是妙极了！但是，它只能是对君子方可起到"用戒贪得"的妙用，而对酒鬼、酒狂来说，此辈肯定是不耐烦使用这种限酒杯的。

五、子孙果盒

常言道：贫贱夫妻百事哀。在经济落后的穷困地方，蛮蛮小民，难得温饱，即使偶尔饮酒，也只能是穷对付。如江西贫穷，民俗勤俭，饮食省之又省。如吃饭，第一碗不许吃菜，第二碗才以菜下饭，还美其名叫"斋打底"。对猪身上最有兴趣的是内脏，因为连半根骨头都不会有，可以吃个一干二净，使狗在一旁干瞪眼，因此雅称此菜叫"狗静坐"。献神的牲品，从食品店租借，献毕归还，故名"人没分"。而"劝酒果品，以木雕刻，彩色饰之，中惟时果一品可食"，名曰"子孙果盒"②。如此节俭，虽情有可原，但未免走向极端，太寒碜了！试想，主人摆酒，客人面对下酒的果盒，虽然花花绿绿，却都是木雕道具，当做何感想？这种形式主义，把饮食象征化、戏剧化的把戏，大煞风景，丢人现眼，是必须摒弃的。

六、金莲杯

不同时代不同阶层的人，具有不同的文化心态、审美观念。明朝某些文人雅士自认为风流倜傥、赏心悦目的饮酒风尚，今天看来，也

---

① 《明文海》卷123。
② 陆容：《菽园杂记》卷3。

有令人恶心者在。所谓"金莲杯",便是个典型的例子。《金瓶梅》第6回描写西门庆与潘金莲在房间厮混,有谓:

> 少顷,西门庆又脱下他(按:指潘金莲)一只绣花鞋儿,擎在手内,放一小杯酒在内,吃鞋杯耍子。妇人道:奴家好小脚儿,官人休要笑话。①

生活在元代,卒于明初的著名诗人杨维桢(1296—1370),也有这种恶习。他常在酒宴上,看见歌儿舞女双足缠得特别瘦小的,便脱下她的鞋,"载盏以行酒"②。据沈德符《敝帚斋余谈》记载,隆庆年间的著名江南文人何良俊,居然将南院中妓女王赛玉的红绣鞋偷出来,常常用它觞客,客中多因之酩酊。当然,此风并非明朝始。宋朝文人张邦基在其所著《墨庄漫录》中,曾录下一首《双凫诗》:

> 时时行地罗裙掩,双手更擎春潋滟。
> 旁人都道不须辞,尽做十分能几点。
> 春柔浅蘸蒲萄暖,和笑劝人教引满。
> 洛尘忽浥不胜娇,划蹋金莲行款款。

由此可知,其来亦可谓久矣。

七、成窑酒杯

明代成窑酒杯,享有盛名,后世得者无不珍藏。清代学者阮葵

---

① 《金瓶梅词话》第1册。
② 陶宗仪:《南村辍耕录》卷23。

生（1727—1789）所见成窑酒杯，品种仍很不少。如，"高烧银烛照红妆"：一位美人持灯看海棠；"锦灰堆"：折枝花果堆四面；"鸡窑"：上画牡丹，下画母鸡、小鸡；"秋千杯"：士女、秋千；"龙舟杯"：龙船竞渡；"高士林"：一面画茂叔爱莲，一面画渊明对酒；"娃娃杯"：五婴相戏。此外，还有画着香草、鱼藻、葡萄、瓜茄、吉祥草、优钵罗花等花果的酒杯，"名式不一，皆描画精工，点色深浅，磁色莹洁而坚"①。

八、王银匠

制作各种酒器的匠人，其生产情形，由于史料缺乏，今天我们很难详尽描述他们当年制作酒器的辛劳、精巧。明人小说中，偶有描写。如："北京大街上有个高手王银匠，曾在王尚书处打过酒器。"②陈铎的《雁儿落带过得胜令·银匠》，不失为是对包括制造酒器在内的银匠，十分形象、生动的刻画：

> 铁锤儿不住敲，胶枝儿终常抱。会分级手艺精，惯镶嵌工夫到。炭火满炉烧，风匣谩搧着。交易无贫汉，追寻总富豪。经一度煎销，旧分两全折耗。下一次油槽，足乘色改变了。③

明代各地制造的酒器，可能广东省的产品相当不错。成化十四年（1478），宪宗曾派人去广东采买酒器及其他物品。④

---

① 阮葵生：《茶余客话》卷11。
② 冯梦龙：《警世通言》卷24。
③ 路工编：《明代歌曲选》，上海古典文学出版社1956年版。
④ 陈子龙等：《明经世文编》卷80。

九、瓦羽觞

在明代的出土文物中,属于酒器的,当属汉代的"瓦羽觞"最引人注目。在大的古墓中,有时能得到上百甚至上千只,以蜡色而香者为佳,如果有泥土气,呈微青色并漏酒的,则是赝品。①

一〇、品官与酒具

封建社会是以等级、特权为支撑点的社会,衣食住行,无不受品级的限制。明初定品官,也随之对各类品官的酒具,作了严格的规定:"一二品官酒器俱黄金,三品至五品银壶、金盏,六品至九品俱银,余人用瓷、漆木器。"②当然,封建特权并非是一成不变的,明代即风行"有钱能使鬼推磨"的格言,腰缠万贯的巨商大贾,以及住在"天高皇帝远"的乡间财主们,所用酒器,是很少笃守上述规定的。崇祯末年,内外交困,国力维艰,"癸未(按:崇祯十六年[1643])冬禁金银酒器"③,这分明显示着,国运衰,酒具也衰了。

一一、一则笑话

关于酒器,明朝还有个很煞风景的笑话。古人以溺酒为"急须",顾名思义,是应急而必须备用之物,以便及时方便。但有些明朝人不

---

① 王士性:《广志绎》卷3。
② 谈迁:《枣林杂俎》。
③ 谈迁:《枣林杂俎》。

加深究,竟又"以贮酒之器谓之'急须'"[1],真可谓是醉眼蒙眬太糊涂,竟把溺壶当酒壶了。

第二节 酒社

一、"吃会"、莲花酒社

明朝的酒社遍布南北,但从性质上说,纯粹以饮酒为乐事的酒社,是不太多的。大体说来,明朝的酒社有三种类型:借酒互助、作诗论文、议论国事。第一种类型,如北方中州的"吃会"。

> 中州俗淳厚质直,有古风,虽一时好刚,而可以义感……其俗又有告助、有吃会……吃会者,每会约同志十数人,朔望饮于社庙,各以余钱百十交于会长蓄之,以为会中人父母棺衾缓急之备,免借贷也,父死子继,愈久愈蓄。[2]

第二种类型,最为普遍,如晚明无锡黄瑜主持的"莲花酒社"。史载:

> 黄瑜字公白,号葵轩,天顺六年乡举,端方雅正有器识,博通经史,三上春官不第,遂优游林泉,与知交结莲花酒社。或劝之仕,曰:吾岂为五斗米折腰者?[3]

---

[1] 郎瑛:《七修类稿》卷24《辩证类·饮器》。
[2] 王士性:《广志绎》卷3。
[3] 黄卬:《锡金识小录》卷5。

在明朝人的诗文集中，对于此类酒社的记载，俯拾即是。南方文人更富有结社的传统。以杭州为例，元朝就有过清吟社、白云社、孤山社、武林社、武林九友会等，"托情于诗酒"。到了明朝，"犹有余风"，蒋廷晖等人或在西湖，或在城内园林中，浅斟慢酌，欢洽歌咏。①

二、酒社的政治色彩

在明朝酒社中，最值得注意的，还是第三种类型，即带有政治性的酒社。已故前辈史学家谢国桢教授（1901—1982）在半个多世纪前写的名著《明清之际党社运动考》中，详尽而精辟地考述了大江南北的结社，在明末特定的政治形势下，忧国忧民的文士，所结社盟，越来越具有政治色彩，而反对阉党，更是其重要内容。需要指出的是，即便是这些政治性的社盟，都离不开酒，莫不具有以饮而聚的特点。因此，正是在这个意义上，我认为无妨把这些文社也列为酒社。以名声并不很大的南京"国门产业之社"来说，其成员是复社中的人及东林党人的遗孤。著名思想家黄宗羲曾记载：

> 崇祯己卯（1639），金陵解试，先生次尾（按：即明末四公子之一的吴应箕）举"国门产业"之社，大略揭（按：指揭发阮大铖罪行的《留都防乱公揭》，东林后裔及复社、畿社名士，很多人都签了名）中人也，昆山张尔公、归德侯朝宗、宛上梅朗三、芜湖沈崑铜、如皋冒辟疆及余数人，无日不连舆接席，酒酣耳热，多咀嚼大铖，以为笑乐。②

---

① 田汝成：《西湖游览志馀》卷21《委巷丛谈》。
② 黄宗羲：《南雷文约》卷1《陈定生先生墓志铭》。

大铖，即阮大铖（1587—1646），天启时曾投靠魏忠贤（1568—1627），崇祯帝上台，废除阉党，"钦定逆案"时，将他废斥，在南京闲居，但时刻企图东山再起，因而成为江南士子抨击的对象。明朝灭亡后，阮大铖在南京弘光小朝廷重新掌握大权，对以复社为首的盟社运动加以镇压，一些文社风流云散，不少人只好返回林泉，在故园喝闷酒，慷慨悲歌了。

又如广东的南园诗社，文名四溢，入社者颇多，常常集会，"会日有歌妓侑酒"①。但不久清兵南下，诗社骨干陈子壮、张家玉、陈邦彦在起兵抗清失败后，都以身殉国，南园诗社无形中停顿②，诗风、酒风，渐成绝响。

第三节 酒德

一、酒之辱

古人往往把饮酒、弹琴、作诗联在一起，而对于三者的修养，分别称作琴道、酒德、诗思。刘伶的《酒德颂》是中国文学史上的名篇。当然，不同文化素养的人，对酒德的标准不会完全相同。何良俊曾举出十点所谓"酒之辱"，也就是缺乏酒德的表现，这就是：

大凡饮酒，或起坐，或迁席，或喧哗，或沾酒淋漓，或

---

① 九龙真逸：《胜朝粤东遗民录》卷2。
② 谢国桢：《明清之际党社运动考》，中华书局1982年版。

攀东指西与人厮赖，或语及财利，或称说官府，或言公事，或道人短长，或发人阴私，此十者皆酒之辱也。今席上人有出外解手者，即送一大杯，谓之望风钟，乃因起坐而行罚，亦古人之遗意也。今世之饮酒者，大率有此十失。遇坐客有一于此，便当舍去。①

今天看来，除了第六条有"何必曰利"陈腐的道学气息，第七、八、九条未免过于严肃，甚至有假正经之嫌外，其他各条，仍有现实意义。今天，如果我们在大陆的某些饭店稍加留意，便不难发现，那些一会儿站，一会儿坐，随便离席，大声嚷嚷，衣襟、桌子上湿漉漉一大片酒，为了芝麻绿豆大的事而吵闹不已的人，仍大有人在。这些人实在是太缺乏酒德了。

见酒即纵饮，醉后失态，疯疯癫癫，或呕唾，狼藉满地，或胡言，瞎三话四，从来被人们认为是不雅之举。有首《撒酒风诗》，读来可佐一噱：

娘舅常常撒酒风，今朝撒得介恁（按：吴语，"这样"之意）凶。踢翻两个糖攒盒，踏破一双银酒盅。面孔红来干急进，髭须白得觥篷松。傍人问道像何物，好似跳神马阿公。②

因过饮变得头脑可笑，有失身份，连某些名流也不例外。如李东阳（1447—1516）在翰林院时。有一天陪一位知府饮酒，不知节制，喝醉了，竟说："治生今日舍命陪君子矣！"知府笑道："学生也不是

---

① 何良俊：《四友斋丛说》卷33《娱老》。
② 褚人获：《坚瓠集》第3册《壬集》卷2。

君子，老先生不要轻生。"① 东阳遭此奚落，真是活该！

二、以酒虐人

酒德最坏的表现，莫过于以酒虐人，也就是故意折腾人，强灌强饮，简直与虐待无异。严嵩之子严世蕃，就是个典型。著名学者王世贞（1526—1590）喜欢开玩笑，有一天与严世蕃等同席，座中有位客人不会喝酒，严世蕃竟端起酒杯强迫他喝，使他的衣服上酒汁淋漓。王世贞看不下去，便拿起一个最大的酒杯，斟得满满的，代客与严世蕃干杯，世蕃一看傻眼了，推说自己伤风，不胜杯杓，灭了威风。王世贞还诙谐地说："爹居相位，怎说出伤风？"观者感到大快人心。但据说这一来，王世贞可种下了祸根，是导致其父蓟辽总督王忬（1507—1560）后来被严嵩父子杀害的重要原因。②

三、苏氏之德

有一个丢失酒器的故事，一正一反，活脱脱地刻画出了君子与小人在酒德上的分野。史料记载：

> 橙墩武局富而好学，且好客。有爱妾苏氏善持家，一日讌客失金杯，诸仆皆啧啧四觅之。苏氏遂诳之曰："金杯已收在内，不须寻矣。"及客散，对橙墩云："杯实失去，寻亦不得。公平日好客任侠，岂可以一杯之故，令坐上名流不欢

---

① 冯梦龙：《古今笑史》。
② 沈德符：《万历野获编》卷8。

乎？"橙墩颇善其言。近有监生宴客失物，百遍搜坐客者。较之苏氏，可愧死矣！①

这位苏氏，虽为女流，却明智俊达，颇有大将风度。而那位监生，真乃愚不可及也，太煞风景。显然，一个人的酒德如何，归根到底，是其品德及文化修养所决定的。

四、鼻饮

某些饮酒者，饮法独特，甚至是稀奇古怪。如嘉靖年间，有个叫汪海云的人，能用鼻子饮酒。②虽亦算有术，其实不雅也。人，又何必学牛饮？当然，这也是古已有之，宋朝范成大（1126—1193）在《桂海虞衡志》中曾记载说："南边人习鼻饮，有陶器如杯碗，旁植一小管，若瓶咀，以鼻就管吸酒浆。"看来，这是边疆地区的特殊饮酒习惯，但实在不登大雅。而同是宋人的周去非，则认为鼻饮"止可饮水，谓饮酒者，非也"③。这显然是片面的武断之论。

五、方廉之廉

好的酒德，能够形成好的酒风，并影响政风。万历时松江知府方廉，做出一项规定：凡士大夫请他饮酒，只允许用水果酒，下酒菜不准超过五盘，否则他就罢宴。在他的影响下，"俗为丕变"，对扭转豪饮大嚼的奢靡之风，起了促进作用。④

---

① 周晖：《金陵琐事》。
② 郎瑛：《七修类稿》卷49《戏谑类·鼻饮头飞》。
③ 周去非：《岭外代答》卷10。
④ 李乐：《见闻杂记》卷8。

六、陆深与酒

陆深（1477—1524），字文东，号东滨，浙江平湖人。弘治三年进士，预修《明会典》，授礼部主事。后迁南京光禄卿。乞归卒。陆深有才学，但心胸狭窄。其友，陆树声（1509—1605），字头吉，号平泉，松江华亭人。嘉清二十年会试第一，万历时任礼部尚书。性恬淡，卒年九十七。陆树声才学、官位，均远高于陆深。陆深忌之，一次在京中，陆树声前来拜访，他居然一声不吭，送陆树声出门时，竟驻足长叹："天下无人刘知远（按：后汉高祖皇帝）。"如此狂傲。其实早在他年轻时，参与乡试，位居第一，有二个考生，跃跃欲试，想挑战他的地位。陆深甚厌之，引二人饮酒、下棋，弄得他俩疲倦不堪，入夜均早睡。"深独张灯读书，至四更。于是二生试，遂居深下。"[①] 如此看来，仅从酒德观之，陆深未免小人气实足也。

第四节　酒品

一、酒色

常言道：见多识广。有不少喜饮酒者，几乎尝遍天下佳酿，久而久之，通过鉴别、比较，便形成一门学问，评品酒的优劣，道出名酒之所以成为名酒，及普通酒、劣质酒的所以然来。于是酒品跟茶品、水品一样，极受文人雅士、官僚士大夫的重视。

酒有不同的颜色，随着各人喜好之不同，评品的结果便不一样。

---

① 梁继枢：《玉剑尊闻》卷9。

有的以绿为贵，唐代大诗人白居易（772—846）便有过"倾如竹叶盈尊绿"的诗句；有的以黄为贵，诗圣杜甫（712—770）曾吟哦"鹅儿黄似酒"；至于李贺（790—816）"小糟夜滴珍珠红"，则表明了有的人喜欢红酒。大体说来，明朝人在酒色观上，并未超出唐朝人的范围。田艺蘅（1524—？），在论及酒色时，除了肯定前引李贺诗句，肯定红酒等以外，还援引诗文，分别指出别的颜色酒，说明人各有好：

紫酒：谭用之诗"杯黏紫酒金螺重。"注：江南红酿，凉州蒲桃。

黄酒：皇甫子奇以色如金而味醇且苦者，名之曰酒贤。张九龄诗："玉碗才倾黄蜜剖。"杜甫云："……对酒爱新鹅。"苏轼云："大杓泻鹅黄。"

绿酒：《南岳夫人传》："设王子乔琼苏绿酒。"杜诗："绿酒正相亲。"又云："遥观汉水鸭头绿，恰似葡萄初泼醅。"……秦少游云："翡翠侧身窥绿酒。"……至杨廷秀乃云："瓮头鸭绿变鹅黄。"则绿酒或老乃成黄色也。

……

清酒：诗："清酒百壶。"邹阳赋："清者为酒，浊者为醴，清者圣明。浊者须骏。"苏子云："谁分银榼送清醇。"

……

浊酒：嵇康云："浊酒一杯。"杜少陵云："墙头过浊醪。"

黑酒：《醉乡日月》谓之愚酒，色黑而酸醨者也。①

---

① 田艺蘅：《留青日札》卷24。

二、酒味

据田艺蘅记载,"世间能饮者多不喜甜酒",并说他自己也"最不喜甜酒";香醪酒因"有自然之香,乃为佳酿",不一定非用花及香药酿成,可见一部分明朝饮客,"爱好是天然";蒸酒,性爽豁,故受人欢迎;生酒,不煮不蒸酒也,"世有专喜饮生酒者,云有风味,但性太热,难入口";冻浆酒,凡酒过热则酸,过冷则冻,古代又称冻醴;灰酒:或用茅柴灰,或用石灰。明朝后期杭州多灰酒,京师人造酒也用灰。这种酒"触鼻创口蜇舌,善饮者甚病之"[①],看来只有贩夫走卒、卖浆者流等下层贫民,用以聊解酒渴了。

三、谢氏品酒

谢肇淛也喜欢品酒。他的基本看法是:"酒以淡为上,苦冽次之,甘者最下。"现将他评论的酒,简介如下:

北京薏酒:用薏苡实酿之,淡而有风致,然不足快酒人之吸也。易州酒:胜之而淡愈甚。山西襄陵酒:甚冽。潞州酒:奇苦。南和之刁氏酒、济上之露酒、东郡之桑落酒:酿淡不同,渐趋于甘。京师烧刀酒:性凶,"不啻无刃之斧斤"。大内造酒:其品猥凡。江南三白酒:不胫而走,几乎风行大半个中国。但吴兴造的三白酒,胜过金昌的。这是因为苏州人急于求售,对水、米都没有精心挑选的缘故。另外,吴兴碧浪湖、半月泉、黄龙洞诸泉皆甘冽异常,"泉冽则酒香"。雪酒、金盘露:全属虚名。但还不是最坏的酒。玉兰溪酒:滥恶至极。

---

① 田艺蘅:《留青日札》卷24。

醇酽有余，风韵不足，就好像美人发福，风度太差。福建所产酒：无佳品。顺昌酒曾经一度很吃香，时下则推建阳酒为冠军。顺昌酒卑下，建阳酒色、味都几乎赶上吴兴三白酒，但风力不足。北方的葡萄酒、梨酒、枣酒、马奶酒，南方的蜜酒、树汁酒、椰浆酒。青田酒：不用曲糵，自然而成，也能醉人，真是怪事。荔枝汁酒：烧酒也。酒甜，但易坏。佛香碧：用佛手柑制成，始饮香烈奇绝，但也不耐藏。江右麻姑酒、建州的白酒：如喝汤，仅能"果腹而已"[1]。

四、宋氏品酒

明清之际的宋起凤，踪迹几乎半天下，评点南北之酒，如数家珍。他认为，易州、沧州的酒最好，因为这两个地方的水非常好。易水清，沧水浊。浊中有暗泉出河底，所以用沧州水酿的酒，如改用别处的水，则远远不及了。另外，其制曲等都很有特点。易州属邑昔称涞水，酒较易水差，有色，味芬冽，在易水次。北京房山区一位姓杨的所酿酒，叫房酒，色如赤金，味道冲和醇正，价格比别的酒高，都是隔年煮的。北京城内的酒，数得上的，只有雪酒而已。过去仙雪居的雪酒很出名，最近则推甘露、澜液、仙掌等几家，但多半失之于太甜。山西的酒，唯有太原出产的品种繁多，有桑落、羊羔、桂花、玫瑰、蜡酒等。日常饮用以蜡酒为宜，桑落酒稍次。其他的酒往往假其香味炫耀于人，其实真味反而没了。代州的酒很好，味醇，清芬溢齿颊，与易州酒不相上下，深受塞下人士的欢迎，山西酒中当推此酒为第一。潞安酒有三河清、豆酒、红酒，都是甜味。襄陵酒中只有羊羔酒很好，但带膻味，浓艳且甜，在太原的羊羔酒之上。陕西出的哑酒，

---

[1] 谢肇淛：《五杂俎》卷11。

味道浓厚不清，不过取其别致而已。甘州的枸杞酒，是浸泡而成的，红色，有草药气，老人饮之有益。西梁州的葡萄酒，来自西域，色碧味旨，能祛脏热，普通人很难有机会享用此佳品。江北只有高邮的天泉、苫荅、五加皮诸酒，天泉为上，皮酒次之，苫荅更次之。天泉酒清，五加皮酒浓，都失之太甜。而且五加皮酒越陈越浓，多饮伤脾。江南的酒，如江宁的玉兰，芜关的三白，镇江的红酒，都不佳。无锡惠泉酒因水闻名天下，米又软白，是江南酒中的极品。士人多半饮状元红，而不太喜欢三白酒。杭州人喜欢腊酒、白酒，无名酒出产。绍兴的花露酒，在市面上出售的，饮之作渴，兴目不清，但家藏至三四年的，几乎可以与沧州酒并列。金华酒色味皆浓，但放久了，就会坏。两广只有椰子酒饶有风韵，其他如荔枝酒、蛇酒都是劣品。宋起凤环顾国中之酒，最后下结论说：

  总计海内酒品，南（按：指江南）则惠（按：指惠泉酒）及白（按：按三白酒），浙则花露尚矣。北则沧、易、涞水圣矣。他可自雄其地，难以颉颃也。①

  宋氏的品酒，使我们得以大体上比较全面地对于明代的酒品，有所了解。当然，品酒历来见仁见智，他的看法，难免存在着片面性甚至偏见，如抨击荔枝酒、蛇酒一钱不值，其实好的荔枝酒也不失为上品，好的蛇酒更是良药，流传至今而不衰。他评品的好酒，前人也有认为是差的，如邢侗（1551—1612）早就说过："沧酒亦在品下。"邢侗能自酿酒，所酿的莲花白酒，"此曲真用白莲花浆合成，清芬颇饶舌鼻间"②，当然是位酿酒能手。不过，他心目中的酒品，也仍是邢氏一

---

① 宋起凤：《稗说》，《明史资料丛刊》第2辑。
② 《明文海》卷208。

家言而已。他对很多人推崇的北京刁家酒、赵家薏酒，嗤之以鼻，恐怕很难说是公允之论。明朝不像现代，并没有专门的评酒委员之类机构。不过，良、贱自在人心，多数饮酒者的价值取向，应当是公正的。

第五节　酒与礼俗

一、乡饮酒礼

乡饮之礼，起源甚古。《周礼》中有很烦琐的记述。清代考据家更作过不少文章。大体说来，古代凡群众聚会宴饮，不可无一定之礼节，于是便有乡饮酒礼的产生。近代学者邓子琴（1902—1984）曾将古代乡饮酒礼的主要内容，概括为六个方面：

一是选举。古时乡有乡学，取致仕在乡中的大夫为父师，致仕之士，为少师，在于学中，名为先生。乡人每年入学，三年业成，必升于君，升时都在正月，先为饮酒之礼。

二是尊贤。这就是汉代儒学大师郑玄（127—200）所说的"大夫饮国中贤者"。

三是运动。即郑玄所谓"州长习射饮酒"，《礼记》所谓"卿大夫之射也，必先行乡饮酒之礼"。

四是祭祀。即郑玄所谓"党正蜡祭饮酒"，以礼属民而饮酒于序。

五是敬老。按《礼记》所述，乡饮酒时，六十岁的人坐，五十岁者立侍，以明尊长；饮酒多少，也以年龄大小而定：六十岁三豆，八十岁五豆，九十岁六豆。

六是贵爵。①

到了汉代，在郡国行乡饮酒礼，"使党政属民"，定在十月举行。明朝开国后，参照三代古制，每年举行乡饮礼，但仪从简朴，"大都兼尚齿德爵位，而于宾兴之典无相涉矣"②。具体地说，洪武五年（1372）四月，诏天下行乡饮酒礼。每年孟春、孟冬，有司与学官率士大夫中的老年人，在学校举行。民间里社以百家为一会，由粮长或里长主持。年纪最大的为正宾，其余以年龄大小排其顺序。在饮酒的同时，还要读律令，并兼读刑部所编的申明戒谕书。同年，苏州知府魏观，为了"明教化、正风俗"，请耆民周寿谊、杨茂、林文友行乡饮酒礼。③这次乡饮礼十分隆重。据王彝《乡饮酒碑》记载，周寿谊是昆山人，时年一百一十岁，堪称人瑞。他生在南宋末年，经历了整个元朝，真可谓历经沧桑。杨茂是吴县人，九十二岁。他们虽已是高年，但"皆形充神完，行坐有礼"④。洪武十六年（1383），又特颁行《乡饮酒礼图式》。其仪式是：以府州县长吏为主，以乡之致仕官有德行者为僎；择年高有德者为宾，其次为介，又其次为三宾、众宾，教职为司正。赞礼、赞引、读律都挑选胜任其事者。洪武十八年（1385）、二十二年（1389）都重定乡饮酒礼，叙长幼、论贤良、别奸顽、异罪人，以善恶分列三等为座次，不许混淆，凡是曾违条犯令之人，列于外座，不准杂于良善之中。如有不遵序坐及有过之人不赴饮者，以违制论处。"如有过而为人讦发，即于席上击去其齿，从桌下蛇行而出"⑤。真令人毛

---

① 邓子琴：《中国礼俗学纲要》。
② 《明文海》卷120。
③ 《明史》卷140《列传第二十八》。
④ 《明文海》卷67。（按：据此碑记载，当时的苏州知府是江夏人魏实，而非蒲圻人魏观。此碑作者王彝参加了这次乡饮礼，所作碑文当正确无误，《明史》有误也。）
⑤ 褚人获：《坚瓠集·壬集》卷4。

骨悚然！显然，随着明王朝封建统治的不断强化，乡饮酒礼也愈益政治化，融饮酒、仪礼、学校、处罚于一体。不言而喻，这种酒礼，本身就是封建专制统治的一个组成部分。

法久弊生，这是人类社会生活中的通病。乡饮大宾成了时髦的头衔，就必然成为人们追逐的对象。今天我们在明清家谱、传记、墓碑、地券上，仍不时可见某些死者头上戴着这无品无级，却似乎闪闪发光的荣誉头衔。1982年春，我应邀去苏北考察《水浒传》作者施耐庵文物史料问题，在大丰市，目睹了抄本《施氏家簿谱》，在该谱第十世施翊明的上边，就有十分醒目的"明乡饮大宾"的记载。①唯其如此，乡饮礼很快就走了样，成为走后门猎取的对象，阔佬们把持的场所。隆庆时即有人揭露说："迩年乡饮，皆以请托行贿而得，故非高爵即富室也。"②万历时孙能传辑《剡溪漫笔》卷6《里社乡饮条》更记载："富厚有力者，虽龌龊猥琐之徒，罪过彰灼，皆延为嘉宾，俨然上坐。"明末有人说："乡饮有不可与者三：请不从公则高士以为耻，偶非其类则贤者以为辱，酒不成礼则大宾以为慢。"③从这番议论中，我们也不难看出乡饮酒礼演变成不伦不类的端倪。

万历时宁波文士孙能传也记载了乡饮酒礼的没落情景。

> 今仪制总集仅载学官，乡饮仪式岁时犹一举行，然富厚有力者，虽龌龊鬼琐之徒，罪过彰灼，皆延为嘉宾，偃然上坐，县学诸公，略不经意，虽徒具之亦秽杂之极矣。至里社乡饮，在国初必尝行之，不知废于何年，虽士绅亦罕知其事。

---

① 此谱后来全文影印刊载于《施耐庵研究》，江苏古籍出版社1984年版。
② 何良俊：《四友斋丛说》卷16。
③ 吴履震：《五茸志逸》卷3。

敬录于此,以存食气羊。①

还值得一提的是,明朝的乡饮酒礼,究竟吃些什么,喝些什么,所费几何,这应当是人们感兴趣的问题。万历前期,湖广临湘人沈榜在顺天府宛平县当知县,他很留心政治、经济、文化方面的掌故,大力搜集,与署中的档册文件一起,汇编成书,其中对乡饮酒礼的花销,作了详细记载,为我们留下十分珍贵的资料。现摘要如下:

> 乡饮酒礼,每年二次,除十月大兴县外,宛平县该管正月分。相沿,上席六桌……每桌用猪肉八斤,银一钱六分;羊肉八斤,银一钱二分;牛肉八斤,银一钱二分;大鹅一只,银二钱;鲜鱼一尾,重五斤,银一钱;糖饼三盘,共一千二百个,共银三钱六分;糖果山二座,重三斤,银一钱二分;荔枝一盘,重三斤八两,银一钱七分五厘;胶枣一盘,重十斤,银一钱;核桃一盘,一百六十五个,银六分六厘;栗子一盘,重八斤,银一钱四厘;豆酒一坛,银二钱;以上每桌该银二两,共银一十二两。上中席五桌……共银六两五钱。中席二十六桌……共银一十六两三钱八分。下席八桌……共银二两六钱四分。食桌四十五桌,每席价四钱,共银一十八两,包酒人户领办。各费不等……以上共乡饮银计用七十七两一钱五分。②

这对宛平这样的小县来说,如此靡费,不能不是个可观的负

---

① 孙能传:《剡溪漫笔》卷6《里社乡饮》。
② 沈榜:《宛署杂记》卷15。

担。乡饮礼演变到清代,在很大程度上,成了吃吃喝喝的场所,道光二十三年(1843)后,乡饮礼便被官方取消了。但是,它的历史影响,是明显存在的。正如有的学者所指出的那样,"乡饮酒之礼,集一乡之人而开宴会,今所谓乡党亲睦会恳亲会者,是其遗意也"①。直到现在,乡人的宴饮,老年人仍很讲究一套礼仪,其中的大部分,也是乡饮礼的古风残存。这就是所谓"礼失求诸野"了。

二、酒与节日

一年之中,四时八节,除了特殊穷苦者外,人们都要过节,而过节则多半离不开酒,从汉唐而至于明,直至近代,此点并无不同。其中影响最大的,莫过于春酒、端午酒、重阳酒。这方面,从宫廷到民间,也是大同小异。据刘若愚记载,明朝宫中"正月初一五更起,焚香放纸炮……饮椒柏酒";"五月……初五日午时饮朱砂、雄黄、菖蒲酒";"九月……九日重阳节……吃迎霜麻辣兔,饮菊花酒"②。而江南的无锡,"五月……初五日家酿角黍以献神,及先饮雄黄酒,削蒲叶为剑,插于门";"七月,立秋日取西瓜和烧酒食之,以防疟痢"③。民俗以为朱砂、雄黄可辟蛇、蜈蚣等百虫,菖蒲则被视为斩鬼驱邪之剑,今日不少乡间村民,仍有此俗。在明代文学作品中,描写节日饮酒状,不时可见。如:

> 其时五月端五日,支助拉得贵回家,吃雄黄酒。得贵道:"我不会吃酒,红了脸时怕主母嗔骂。"支助道:"不会吃酒,

---

① 张亮采:《中国风俗史》第1编。
② 刘若愚:《酌中志》卷20。
③ 黄卬:《锡金识小录》卷1。

且吃只粽子。"得贵跟支助家去,支助教浑家剥了一盘粽子、一碟糖、一碗肉、一碗鲜鱼,两双箸,两个酒杯,放在桌上。支助把酒壶便筛,得贵道:"我说过不吃酒,莫筛罢。"支助道:"吃杯雄黄酒应应时令,我这酒淡,不妨事。得贵被央不过,只得吃了。"①

值得我们注意的是,中国幅员辽阔,各地除了共同的节日外,还有些特殊的节日。这种节日也同样离不开酒。如沈懋孝的《杂记八条》,就记载了"鲛人节",文谓:

> 张豸严兵部为余言,其邑中也有鲛人之室,室在深渊下。每清明市,人携百货、精品至水滨,户户设大筵高酒,歌吹甚盛。张锦幄,树银屏,如延上客也。日正中,鲛人二三辈从水中起……遂各进饮食焉。日将暮……坐水崖上,大哭,美珠珊珊滴下,满地圆走,众随手囊收之……鲛人乃逝。②

"沧海月明珠有泪",这是唐代大诗人李商隐(812—858)的名句。不料清明鲛人亦有泪,谁只要献给它们酒食,就能得到大把的美珠。这真是"斯亦奇矣"!那么,鲛人是什么模样呢?沈懋孝说:"带剑,衣皮,唯额以上如鱼头。"实在也是怪模怪样。算是奇闻一则。

---

① 冯梦龙:《警世通言》卷34。
② 《明文海》卷479。

三、酒与祭祀

民间的婚丧嫁娶,自然都离不开酒。丧,包括葬礼、扫墓、祭祀等。一般说来,明代的南方,由于经济发达,生活远比北方奢华,丧礼、祭祀,靡费惊人。以浙江的扫墓来说,明末著名文学家张岱(1597—1679)在《越俗扫墓》的短文中,曾予记载,并加以抨击:

> 越俗扫墓,男女袨服靓妆,画船箫鼓,如杭州人游湖,厚人薄鬼,率以为常……虽监门小户,男女必用两坐船,必巾,必鼓吹,必欢呼鬯饮。下午必就其路之所近,游庵堂、寺院及士夫家花园……酒徒沾醉,必岸帻嚣嚎,唱无字曲,或舟中攘臂与侪列厮打。自二月朔至夏至,填城溢国,日日如之。①

如此扫墓,可谓醉翁之意不在鬼,他们的墓中先人如果地下有知,当会掷杯"长太息以掩涕兮"的吧!

四、以水代酒

常言道:君子之交淡如水。在某种特殊情况下,以茶代酒,以水代酒,均可保持礼节。宋朝诗人杜小山即有"寒夜客来茶当酒"的名句。明朝某士人以水当酒,为人祝寿的故事,更是被人广为传颂的佳话。有记载说:

---

① 张岱:《陶庵梦忆》卷1。

一士人家贫，与其友上寿，无从得酒，乃持水一瓶称觞曰："君子之交淡如水。"友应声曰："醉翁之意不在酒。"①

这里，客人、主人之间的一唱一和，情趣高雅，友谊深笃，真正是：休笑瓶中水，友情浓于酒。

当然，对于极个别悭吝鬼以水代酒的把戏，又当别论，只能嗤之以鼻。明朝有这样一则故事：某人已经是够吝啬的了，还嫌不到家，特地去拜一位有名的悭吝"大师"学其术。所持拜见礼，是用纸剪的鱼一条，水一瓶，便说是酒。刚巧"大师"外出，其妻便负责接待，收下礼物。为了表示谢意，她叫丫鬟拿出一个空碗，说：请用茶。又用两手比划成一个圆圈，说：请用饼。某人"享用"后，拜别。"大师"回来了，知道情况后，还责怪其妻招待得过于丰厚，一边说着，一边用手画了个半圈，说：只用这半只饼招待他就行了！② 如此行径，其实已属骗子伎俩，互相骗来骗去，无酒自醉，真是无聊透顶。

第六节　酒与文学

一、酒令

酒令起源甚早，大体说来，春秋战国时已经产生。台湾学者陈香说："酒令是我们中华民族所独创的，和我们的传统文化气息相关。酒

---

① 冰华生（江进之）：《雪涛小书》。
② 同上。

令是我们中华民族所同好的，和我们的生活习俗紧密交融。"① 所言甚是。酒令的形式纷繁复杂，内容也是异彩纷呈，形成的专书即有《令圃芝兰》、《庭萱谱》、《小酒令》等，限于篇幅，这里不拟详论。综观明代酒令，与前代的酒令一样，不仅富有文学色彩，而且充满人文气息；从明朝的酒令中，我们往往能窥知当日世风民情，虽然饮酒行令，主要目的不过是助酒兴，增加欢乐气氛。何良俊曾谓：

> 饮酒亦古人所重。《诗》曰："既立之监，复佐之史。"汉刘章请以军法行酒，唐饮酒则有觥录事。今世既设令官，又请一人监令，正诗人复佐之史之意也。②

如此看来，明代行酒令时，是一本正经的。但实际上，也并非完全如此。行酒令常常离不开酒筹。此物也很古老。唐朝人的诗中即曾描绘"城头稚子传花枝，席上搏拳握松子"。分明写的是吃酒时催花猜拳。古人饮酒时，用牙制成箭，长五寸，箭头刻鹤形，称作"六鹤齐飞"，借以行令。明代行酒令的牙筹，大致与古人同。

击鼓催花令，在明代的文人圈里，是很盛行的。李东阳（1447—1516）在一次饮席上，曾用此令戏成七律一首："击鼓当筵四座惊，花枝落绎往来轻。鼓翻急雨山头脚，花闹狂蜂叶底声。上苑枯荣元有数，东风去住本无情。未夸刻烛多才思，一遍须教八韵成"③。第三、第四两句，描写击鼓催花的情景，极为传神。

田艺蘅也爱好酒令。某次，他与几位骚人墨客在中秋节边饮酒，边赏月，并有一位叫玉蟾的妓女陪席。忽然有轻云遮住了月亮，田艺

---

① 陈香：《酒令》。
② 何良俊：《四友斋丛说》卷33。
③ 蒋一葵：《尧山堂外纪》卷88《国朝》。

蘅便作四声令"云掩皓月",以羽觞飞巡,并不断轻击酒缶,以四声为韵催之,如不按韵,罚酒一杯,如不成句,罚酒四杯。结果,随着羽觞的飞传,在阵阵酒缶声中,在座的客人有的说"天朗气烈",有的说"秋爽兴发",也有的说"蟾皎桂馥"、"风冷露洁"、"情美醉极"等,因限于四声,不许有一字重复,此令的难度是很大的。所幸坐客均为文士,并有捷才,所以能很快地念出上述种种四句酒令来。但最为难得的,还是玉蟾,她开口不离本行,念道:"行酒唱曲。"虽是日常口语,但按韵合调,无怪乎田艺蘅等盛赞她"不孤雅会,可谓俊姬"[①]了。

酒令贵乎自然,前提是必须有很好的文化素养,弄不好,就会贻人笑柄。万历时有个叫王文卿的人,其父是贡士,其叔是举人。可惜父早死,他便失学了。古诗有云:"月移花影上栏干。"文卿对这句诗半懂不懂,模模糊糊。有次偶尔参加一位姓邢的太史举办的宴会,行酒令时,要求说一物,包含在一句诗中。他竟念道:"腌鱼花影上栏干",引起举座大笑。席上有客人说:"这个令太难了,没法子接下去,罚酒吧。"邢太史却胸有成竹地说:"我看不难。"遂端起酒杯说:"鹦哥竹院逢僧话。"这里,太史把古诗"因过竹院逢僧话"中的"因过",改成"鹦哥",不仅谐音,还与"腌鱼"对仗,真是一位削足适履的高手。当然,据载王文卿"侠气翩翩,亲朋皆称好人"[②],不会因在此次酒令中闹了大笑话,就低人一头。

好的酒令,幽默诙谐,读来令人捧腹。万历时著名小品文作家袁宏道(字中郎)(1568—1610)在苏州做官时,有位孝廉从江右来看他任部郎之职的弟弟,与宏道有同年之谊,宏道特地雇了一条游船,备

---

① 田艺蘅:《留青日札》卷25。
② 周晖:《二续金陵琐事》。

了酒席，款待来客，并请了县令江盈科（字进之，号萝山人）同饮。游船在绿水中缓缓行驶，宏道等频频举杯，酒兴正浓。客人请主人发一酒令助兴，宏道见船头摆着水桶，顿有所悟，便说："酒令要说一物，并暗合一位亲戚的称呼，以及与官衔符合。"紧接着便手指水桶念道："此水桶非水桶，乃是木员外的箍箍（谐音哥哥）。"他指的是孝廉乃部郎之兄。这位孝廉见一船工手拿笤帚，便说："此笤帚非笤帚，乃是竹编修的扫扫（谐音嫂嫂）。"这时袁宏道的哥哥袁宗道（字伯修）（1560—1600）、弟弟袁中道（字小修）（1570—1624）都担任编修。江盈科正在沉思间，忽然看到岸上有人在捆稻草，便立即念道："此稻草非稻草，乃是柴把总的束束（谐音叔叔）。"这是隐射这位孝廉本来曾在军中效力，其族子某现在是武弁。于是三人相顾大笑。[①]相传明代还有拿姓名互相开玩笑的酒令。张更生、李千里二人同饮相谑，李千里先说酒令道："古有刘更生，今有张更生，手中一本《金刚经》，不知是胎生？是卵生？是湿生？化生？"张更生则反唇相讥，说令道："古有赵千里，今有李千里，手中一本《刑法志》，不知是二千里？是二千五百里？是三千里？"[②]张、李二人，也堪称是善谑者矣！

在明朝人的宴席上，有时以俗语作对，也不失为是有趣的酒令。有位布政使做官忠于职守，不求引荐，因此也就得不到提拔。按照惯例，他进京朝见皇帝后，就要返回任所。他的同乡为一位侍郎设宴饯行，同一个部的人，都来会饮，这位应邀也赴宴的布政使，就成了唯一的客人。饮酒间，席上有人见到此况，便开玩笑地出了一句上联"客少主人多"，要同饮者对下联。众人还未来得及开口，这位布政使却冲口而出："某有一对，诸大人幸勿见罪。"念道："天高皇帝远。"

---

① 褚人获：《坚瓠集·续集》卷6。
② 俞敦培辑：《酒令丛钞》卷2《雅令》。

举座闻之愕然。①显然，他对的下联，是舒愤懑，发牢骚。以他的政治身份，在京师这样的场合，竟说出这样的话，难怪使别人吃惊了。像这样以俗语作对，涉及酒的，还有不少，诸如"酒肉兄弟，柴米夫妻"、"将酒劝人，赔钱养汉"、"茶弗来，酒弗来，那得山歌唱出来；爷在里，娘在里，搓条麻绳缚在里"等，流行于明代，俱称绝对。

常言道：不平则鸣。从明朝的某些酒令中，我们可以感受到不平者的心声。景泰时的陈询（1395—1460），字汝同，松江人，任国子监祭酒。②陈询善饮酒，酒酣耳热，胸中有不平事，经常对客人一吐为快。谁有过错，他当面指出，决不放过。在翰林院时，曾经因得罪权贵，外放到安陆任知州。行前，同僚设宴饯别。席上有人建议行酒令，各用两个字分合，以韵相协，以诗书一句作结。座间陈循学士念道："轰字三个车，余斗字成斜。车车车，远上寒山石径斜。"高谷学士接着说："品字三个口，水酉字成酒。口口口，劝君更尽一杯酒。"陈询念的却是："矗字三个直，黑出字成黜。直直直，焉往而不三黜。"③陈询为人耿直，不会吹牛拍马，不为五斗米折腰，故在官场起而复踬，很不得意。"直直直，焉往而不三黜"，不仅是夫子自道，也堪称道尽了古今行直道而不走歪门邪道，却屡遭打击的耿介之士的愤懑。

在中国封建社会中，官民是对立的。民谚"三年清知府，十万雪花银"，深刻地揭露了封建社会几乎无官不贪的本质。这在酒令中也有所反映。郎瑛，某次与群士会饮，席间有人倡议以盗窃之事作对联，算是行酒令，并带头先说："发冢可对窝家。"接着有人说："白昼抢夺可对昏夜私奔。"众人都说："私奔，非盗也。"此人却辩解说："这虽然名目上有些不伦不类，但仔细想想，私奔的原因不是偷

---

① 冯梦龙：《古今笑史·谈资部》。
② 《明史》卷163《列传第五十一·刘铉传》。
③ 陆容：《菽园杂记》卷6。

了私情又是什么？"这自然是诡辩。又有一人说："打地洞可对开天窗。"众人又说："开天窗，绝不是强盗干的勾当。"此人笑着解释说："今天搜刮钱财的人，为首的又私自侵吞，这种开天窗的行径，与强盗又有什么两样？"众人哄堂大笑。又有一位说："还有更好的对子呢，例如'三橹船正好对四人轿。"众人听了不解，正在思索时，此人说："三橹船固然载强盗，而四人大轿所抬的，不正是大盗吗？"众人更加大笑不止。在座的刚好有坐四人大轿的官老爷，听了当然不高兴。幸好郎瑛从中转圜，才不至于有损席间行此独特酒令的欢乐气氛。① 这里的"开天窗"和"四轿所抬"云云，对头戴乌纱帽、身穿官服的大盗，作了辛辣的嘲讽。由此看来，不要以为酒令纯属消遣之物，其中也不乏具有进步思想内容的佳作。归根结底，酒令也是社会生活的反映：有欢乐，有愤怒，也有悲哀。

值得指出的是，明朝江南常熟吃酒行令，未免过于严肃认真，罚酒苛刻，使饮者如临深渊，简直成了灾难。嘉靖时吴县文人杨循吉（1456—1544）在《苏谈》中曾记载，"常熟酒令，至为严酷"。执令者如果发现谁杯中未饮尽，哪怕只有一滴，就要罚你饮一杯，如果有四滴酒，则要饮满四杯。饮者都对执令的酒录事唯命是从，不敢不喝。另外，饮酒的规矩又特别多，例如倘说话不检点，举饮不如法，都要罚你饮酒，如被罚者辩解，就给你扣上扰乱酒令官的大帽子，罚满饮一大杯，倘再犯了规矩，则再罚，哪怕是已被罚了十次，饮了十杯，也绝不宽恕。酒令官开始饮酒时，端起酒杯说："就照这个样子喝酒，才算合法。"但当饮酒的人照他的样子举杯饮酒，他又大喝一声，说你这种喝法不合法，罚你的酒。无怪乎杨循吉对此评论说："其为深刻惨酷，殆杯勺中商君（按：即法家商鞅）矣。"酒席上居然冒出如此

---

① 郎瑛：《七修续稿》卷7《奇谑类》。

刻薄寡恩的法家，是如此冷酷、不近情理，不知还要这样的酒令官干什么？这样别扭不痛快的酒，又有什么喝头？真让人费解。中国太大了！有些地方文化的怪异之处，让人琢磨不透。所幸几百年过去，而今的常熟，别说这样的行酒令法，早已烟消云散，而且恐怕常熟很少有人知道，其老祖宗曾经有过那样堪称咄咄怪事的行酒令之法。犹忆1981年秋，我去常熟访书，承蒙张大千先生的高足、著名画家曹大铁先生在一家酒楼设宴款待。遥望窗外，虞山如画，主人好客，频频举杯劝饮，但我们喝的是啤酒，即使饮满数大杯，也无所谓。当时想起常熟古代的行酒令怪俗，不禁暗自好笑也。

在明朝酒令中，冯梦龙（1574—1646）和友辈夜饮，以四书句配药名为令，堪称奇绝：

"三宿而出昼"：王不留行。"管仲不死"：独活。"曾皙死"：苦曾。"天之高也"：空清。"吾党之小子狂简"：当归。"神谌草创之"：藁本。"出三日"：肉苁蓉。"居其所而众星拱之"：天南星。"七八月之间旱"：半夏。"小人之德草"：随风子。"舟车所至"：木通。"以正不行，继之以怒"：苟子。"孩提之童"：乳香。"兴灭国，继绝世"：续断。"若决江河"：泽泻。"亡之命矣夫"：没药。"楚狂接舆歌而过孔子"：车前子。"有寒疾"：防风。"涅而不缁"：人中白。"胸中正"：决明子。"桃之夭夭"：红花。"邦无道则可卷而怀之"：蝉蜕。"夫人幼而学之"：远志。①

只有对四书烂熟，并精通中药者，才能作出这样典雅俏丽、天衣

---

① 冯梦龙编：《明清民歌时调集·想部三》《药名》。

无缝的酒令,今人只能叹为观止、望尘莫及了。

二、酒对联、骈语

豪华的酒馆中,挂有对联。在明朝的此类对联中,最令人刮目相看的,应当是正德时皇家所开酒馆的联语。在明代皇帝中,最爱想入非非的,莫过于正德皇帝。正德十一年(1516)冬,他准备在京城西边开设酒馆。刑科给事中齐之鸾(1483—1534)不以为然,上疏说:"近闻有花酒铺之设,或云车驾将临幸,或云朝廷收其息。陛下贵为天子,富有四海,乃至竞锥刀之利,如倡优馆舍乎?"[①]齐之鸾的这番话,也不过是传统的抑商老调的重弹,正德皇帝自然认为他说的全是废话,酒馆还是如期开张了。据徐充《暖姝由笔》记载,酒馆的酒望上大书"本店发卖四时荷花高酒",而两只匾上则写的是:"天下第一酒馆","四时应饥食店"。这不失为是具有独特风采的对联,其独特之处,就在于皇帝老儿自封为"天下第一酒馆",九五之尊的嘴脸,在酒匾上昭然若揭,咄咄逼人。

王世贞曾编过一本按事物分类,洋洋大观的骈文。其中酒的骈文,虽然只有一百多字,但充满典故,并一一注出,不仅有可读性,更富于学术性,使我们增加不少知识。现按原文格式,摘引部分,以见一斑:

周辨三酒之物,(《周礼》曰:"酒正掌酒之政令,以式法辨三酒之物,一曰事酒,二曰昔酒,三曰清酒。")汉作九酝之名。(《西京杂记》曰:"汉制以正月旦造酒,八月成,名曰'酒酝'。")研穷苦酸,

---

[①] 《明史》卷208《列传第九十六·齐之鸾传》。

能识高昌之贡;(《梁四公纪》曰:"高昌遣使进葡萄干冻酒,帝命杰公迓之,公谓使者曰:'葡萄七是,浐林三是,无半冻酒,非入风谷,所冻者,又无高宁酒和之。'帝问:'何人以之?'对曰:'葡萄、浐林者,皮薄味美,无半者皮厚味苦,酒是入风谷冻成者,终年不坏。今嗅其气酸,高宁酒滑而先浅,故知耳。")变易厚薄,乃速邯郸之围。(《淮南子》曰:"楚会诸侯,鲁赵皆献酒于楚主,主酒吏求酒于赵,赵不与,吏怒,乃以赵厚酒易鲁薄者奏之,楚王以赵酒薄,遂围邯郸,故曰'鲁酒薄而邯郸围'。")荷锸甘赠于醉侯,(《晋书》曰:"刘伶常乘鹿车,携一壶酒,使人荷锸随曰:'死便埋我,其遗形如此。'据鞍自适于欢伯。《宋书》曰:"颜延之好骑马,遂游里巷,遇旧知,辄据鞍索酒,得必倾尽,欣然自得。")下车独酌,元忠激神武之迎;(《后魏书》曰:"李元忠拜南赵郡太守,后弃官潜图义举,会齐神武东出魏,乘露车载宿浊酒以迎。神武闻其酒客,未之见。元忠下车独酌,谓门者曰:'本言公招延隽杰,今闻国士到门,不能吐哺辍洗,其人可知,还吾刺,勿复通也。'门者以告,神武遽见之。")降阶跪言,崔暹堪华林之劝。(《后魏书》:"晋帝晏华林园,谓神武曰:'自项百司贪暴,朝廷有公直弹劾无避者,王可劝酒。'神武降阶跪言,惟御史中尉崔暹一人,谨奉明旨,敢以劝酒。")西阶挺进,深鄙次公之酒狂;……后苑闻歌,终惭丞相之迭和。……三雅传于刘表,百榼闻于仲由。……鸣歌仰天,每讥杨恽之狭;……阳醉遗地,常陋王式之偏。……平原千钟,子高面折以道德;淳于一石,齐王感悟于箴规。……魏后禁严,乃有圣人贤人之号;……敬仲节乐,遂兴昼卜夜卜之辞。……陈孟公宴渥满堂,留宾投辖;……华子鱼号为独坐,剧饮整衣。……沈炯宁静于独坐之谣……庾阐窒欲于断酒之诫。①

三、酒与戏曲

在明代丰富多彩的戏曲作品中,几乎无一不涉及酒。酒本来就是人生悲欢离合的添加剂,或佐料。高明的剧作家,常常根据剧情需要,描绘酒,或借酒抒情,或烘云托月,给我们留下了饮酒佳篇,甚至是千古绝唱。李开先(1502—1568)的《新编林冲宝剑记》第五出,生动地刻画了狗仗人势、狐假虎威、兼酒鬼与色鬼于一身的权奸高俅之侄高朋的丑恶形象:

【水底鱼儿】(净上唱)子弟家风,半生花酒中。帮闲走空,只为一囊空……(小外上唱)

【骏甲马引】有酒且图今日醉,莫管他年兴废。富贵荣华,生前修积,若不及早欢乐是呆痴。(白)酒满金樽花满枝,人生莫负少年时。樽前有酒须当醉,老去攀花悔后迟……

【皂罗袍】自想桃源无路,串妓馆把酒携壶,花边醉倒玉人扶,樽前笑指红裙舞。(合)朱颜易改,白头甚速,有花须折,无酒且沽,锦堂风月休辜负……半生酒困并花迷,花酒从来惹是非。正是酒淹衫袖湿,果然花压帽檐低。②

而写林冲在大风雪之夜,饥寒交迫,去前村沽酒的情景,则悲壮苍凉,令人对受尽高俅迫害的林冲,寄予无限的同情。

---

① 王世贞迭:《骈语雕龙》卷1《酒》。
② 《李开先集》下册,中华书局1959年版。

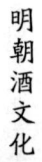

【驻马听】寒夜无茶,走向前村觅酒家。这雪轻飘僧舍,密洒歌楼,遥阻归槎。江边乘兴探梅花,堂中欢赏烧银蜡。一望无涯,有似灞桥柳絮,漫天飞下。(白)这雪一发大了。虽然是国家祥瑞,好了富贵人家,红炉暖阁,歌儿舞女;至于在家之人,偎妻抱子受用;怎生知道俺在外当差的苦楚……(唱)

【前腔】四海无家,回首乡园道路赊。这雪轻如柳絮,细似鹅毛,白胜梨花。山前曲径更添滑,村中鲁酒偏增价。累坠天花,壕平沟满,令人惊讶。①

杰出的戏剧家汤显祖(1550—1616)在其名著《牡丹亭》中,有很多关于酒的精彩的描写。在《劝农》一出中,描写南安太守杜宝携带花酒,来到乡间劝农的情景,令人陶醉。时正阳春三月,和风万里,太守为人谦和,村民勤劳淳朴,在鹅黄嫩柳迎凤舞、红杏枝头春意闹的大好春光里,行着劝农的古礼,气氛是那样的热烈、和谐。

【普贤歌】(丑、老旦扮公人,扛酒提花上)俺天生的快手贼无过。衙舍里消消没的睃,扛酒去前坡。(做跌介)几乎破了哥,摔破了花花你赖不的我。(生、末)列位只候哥到来。(老旦、丑)便是这酒埕子漏了,则怕酒少,烦老官儿遮盖些。(生、末)不妨。且抬过一边,村务(按:即乡村酒店)里嗑酒去。(老旦、丑下)(生、末)地方端正坐椅,太爷到来。(虚下)

【排歌】(外引众上)红杏深花,菖蒲浅芽。春畴渐暖年华。

---

① 《李开先集》下册。

竹篱茅舍酒旗儿叉。雨过炊烟一缕斜……（外）父老,知我春游之意乎？

【八声甘州】平原麦酒,翠波摇蕰蕰,绿畴如画。如酥嫩雨,绕塍春色蘸苴。趁江南土疏田脉佳。怕人户们抛荒力不加……（内歌《泥滑喇》介）（外）前村田歌可听。

【孝白歌】（净扮田夫上）泥滑喇,脚支沙,短耙长犁滑律的拿。夜雨撒菰麻,天晴出粪渣,香风馎鲊。（外）歌的好……与他插花赏酒。（净插花赏酒,笑介）好老爷,好酒。（合）官里醉流霞,风前笑插花,把农夫们俊煞。①

四、酒与小说

明朝人的小说,与酒更是结下不解之缘。以古典名著《水浒传》来说,它的作者与成书过程,是个聚讼纷纭的问题。笔者认为,不管此书是否是由施耐庵最后加工定稿总其成,其中的若干故事,明显地反映了明朝社会生活的某些侧面,包括饮酒风尚。试想,如果没有酒的描绘,梁山好汉的聚义厅,恐怕就要黯然失色,而脍炙人口的武松喝了十八碗酒后在景阳冈上打虎的故事,以及醉打蒋门神的佳话,和花和尚鲁智深的醉打山门,等等,就无从谈起了。可以毫不夸张地说,对明人小说中的英雄豪杰来说,酒就是他们的胆,也是他们真正的心肝。如果没有酒的蒸腾、生发,这些叱咤风云的江湖好汉,也就难以演出一幕幕威武雄壮,甚至是惊天动地的活剧。

明朝的某些小说,对于酒鬼有惟妙惟肖的刻画,并通过对其悲剧结局的揭示,讽时警世,告诫人们酗酒的危害性。如《醒世恒言》

---

① 汤显祖：《牡丹亭》,人民文学出版社1963年版,第40—42页。

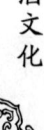

的《李玉英狱中讼冤》,作者讽刺贪杯的焦榕兄妹"原来他兄妹都与酒瓮同年,吃杀不醉的"①。令人忍俊不禁。同书的《卢太学诗酒傲王侯》,则塑造了一个其才比曹植(192—232)、李白(701—762)相差十万八千里,却被一些人盲目吹捧为"李青莲再世,曹子建后身"的所谓才子卢柟,"一生好酒"、"放达不羁"、"轻财傲物",实在是个狂妄透顶的人,结果得罪知县,横遭冤狱之灾,坐了十几年大牢,九死一生。他侥幸活着走出黑牢的大门后,仍依然故我,我行我素,"益放手诗酒;家事渐渐沦落。绝不为意"。最后,把一个铺锦盖绣、花团锦簇的家,弄得完全败落,赤贫如洗。小说的作者借用他人的口吻说:"后人又有一诗警戒文人,莫学卢公以傲取祸。诗曰:酒癖诗狂傲骨兼,高人每得俗人嫌。劝人休蹈卢公辙,凡事还须学谨谦。"②同书《蔡瑞虹忍辱报仇》,更用血淋淋的事实,向我们展现了"蔡酒鬼"葬身鱼腹,家破人亡,其女瑞虹受尽人间屈辱的悲惨故事:宣德年间的淮安府淮安卫指挥蔡武,"家资富厚,婢仆颇多。平昔别无所好,偏爱的是杯中之物,若一见了酒,连性命也不相顾,人都叫他做'蔡酒鬼'"。因此被罢官在家。其夫人田氏也善饮,与其说是女酒星,倒不如说是女酒鬼,与蔡武夫饮妇陪,"日夕沉湎"酒中。后来幸得兵部尚书赵贵的提拔,特升他担任湖广荆襄等处游击将军,行前,瑞虹小姐苦苦劝他戒酒,以免上任后误事,蔡武竟然说出这样的"口号"来:

> 老夫性与命,全靠水边酉。宁可不吃饭,岂可不饮酒。今听汝忠言,节饮知谨守。每常十遍饮,今番一加九。每常饮十升,今番只一斗。每常一气吞,今番分两口。每常座上饮,

---

① 冯梦龙:《醒世恒言》卷27。
② 冯梦龙:《醒世恒言》卷29。

今番地下走。每常到三更，今番一更后。再要裁减时，性命不值狗。①

好个"再要裁减时，性命不值狗"！嗜酒胜过性命，顽固不化的结果，导致他在赴任的舟行之际，仍然日日纵酒，被一伙歹徒绑起，活活地扔进了滚滚东去的大江。一家人除瑞虹外，统统死于非命！酒之为祸，可谓酷矣！小说作者在这回书的开头，引了一首调寄《西江月》的词，谓：

酒可陶情适性，兼能解闷消愁。三杯五盏乐悠悠，痛饮翻能损寿。谨厚化成凶险，精明变作昏流。禹疏仪狄岂无由，狂药使人多咎。②

这对纵酒者来说，不失为是金玉良言。

从文化史，特别是明朝酒文化的角度来说，明人小说中关于酒的种种描绘，更具有重要价值。在明朝的正史中，很少有酒的记载。今天，我们要想窥知明朝酒文化的全貌，只能从野史、文集、笔记中沙里淘金，拣出相关史实，然后进行综合分析。尽管如此，仍然常常苦于文献不足证，而明人小说的有关记载，刚好起到补苴甚至填空白的作用。在明朝小说中，没有一部能够比得上《金瓶梅》，那样详细、生动地将古代酒文化的风貌，展现在我们的面前。

《金瓶梅》中记载的酒名有南烧酒、麻姑酒、菊花酒、浙酒、豆酒、荷花酒、白泥头酒、竹叶青酒、金华酒、黄酒、甜金华酒、葡萄酒、双料茉莉酒、窝儿酒、药五香酒、木樨荷花酒、河清酒、滋阴摔

---

① 冯梦龙：《醒世恒言》卷36。
② 冯梦龙：《醒世恒言》卷36。

白酒、橄榄酒、雄黄酒等。在白泥头酒上,"贴着红纸帖儿"①,这种风尚,一直延续到近代;竹叶青酒,是宦官送给西门庆的礼品②,是佳酿;从刘太监送给西门庆的"自造内酒"③看来,明朝的某些宦官,确实是精于酿酒技术的;"菊花酒……打开碧靛清,喷鼻香,未曾筛,先掺一瓶凉水,以去其蓼辣之性,然后贮于布甑内,筛出来,醇厚好吃"④。据此可知,明朝人对某些酒的具体吃法;而更使我们大开眼界的是,《金瓶梅》中有大量的饮酒场面的描述,透过这些描述,使我们看到了酒文化的种种情景。

请看西门庆宴请蔡御史、宋御史的酒席。

> 当下蔡御史,让宋御史居左,他自在右,西门庆垂首相陪。茶汤献罢,阶下箫韶盈耳,鼓乐喧阗,动起乐来。西门庆递酒安席已毕,下边呈献割道,说不尽肴列珍馐,汤陈桃浪,酒泛金波。端的歌舞声容,食前方丈。西门庆知道手下跟从人多,阶下两位轿上跟从人,每位五十瓶酒,五百点心,一百斤熟肉,都领下去。家人吏书门子人等,另在厢房中管待,不必用说。当日西门庆这席酒,也费勾千两金银。⑤

一次酒宴,竟耗费如此之多!而当时一个小女孩,才不过卖五六两银子。⑥真是"朱门酒肉臭,路有冻死骨。"

从《金瓶梅》的描写来看,明朝人的侑酒方式,是多种多样的。

---

① 《金瓶梅词话》第3册第38回。
② 同上。
③ 《金瓶梅词话》第5册第77回。
④ 《金瓶梅词话》第4册第61回。
⑤ 《金瓶梅词话》第3册第49回。
⑥ 《金瓶梅词话》第1册第9回。

除了传统的以娼妓、歌女陪酒外，掷骰赌酒，方便而又热闹。更引人注目的，是或与掷骰猜枚结合，或与唱曲结合的酒令⑦，以及酒令的或典雅，或通俗，或雅俗共赏，真是多彩多姿。

试看第 60 回《李瓶儿因气惹病，西门庆立段铺开张》中的酒令：

> 吴大舅拿起骰盆儿来，说道："列位，我行一令，说差了，罚酒一杯。先用一骰，后用两骰，过点饮酒：一百万军中卷白旗，二天下豪杰少人知，三秦王斩了余元帅，四骂得将军无马骑……九一丸好药无人点，十千载终须一撇离。"

> 吴大舅掷毕，遇有两点饮过酒，该沈姨夫起令。说道用一骰六掷，过点饮酒。说道……该应伯爵行令，伯爵道："我在下一个字也不识，行个急口令儿罢：一个急急脚脚的老小，左手拿着一个黄豆巴斗，右手拿着一条棉花叉口，望前只管跑走。撞着一个黄白花狗，咬着那棉花叉口。那急急脚脚的老小，放下那左手提的那黄豆巴斗，走向前去打黄白花狗，不知手斗过那狗，狗斗过那手。"

> ……

> 谢希大道：我这令儿，比他更妙，说不过来，罚一钟："墙上一片破瓦，墙下一疋骡马。落下破瓦，打着骡马，不知是那破瓦，打伤骡马，不知是那骡马，踏碎了破瓦。"⑧

显然，明朝人行的酒令，并不刻板，古今杂陈，形式多变，如果有谁临场时胸无点墨，说一段拗口令，也能博得举座同欢。

---

① 《金瓶梅词话》第 2 册第 21 回。
② 《金瓶梅词话》第 4 册第 60 回。

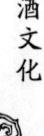

五、酒与诗歌

明朝诗人中,鲜有不饮酒者。虽然他们跟唐朝的酒仙李白相比,自是无法比拟,不可能"斗酒诗百篇"。但是,一些著名诗人,几乎无一不是善饮者,常常是终日诗酒流连。以至今仍然几乎是妇孺皆知的苏州才子、诗人祝允明(1461—1527,号枝山)、唐寅(1470—1523,字伯虎,一字子畏)而论,允明"九岁能诗。稍长,博览群集,文章有奇气……尤工书法,名动海内。好酒色六博……有所入,辄召客豪饮……所著有诗文集六十卷,他杂著百余卷"[①]。而唐寅更是"与里狂生张灵纵酒……宁王宸濠厚币聘之,寅察其有异志,佯狂使酒,露其丑秽。宸濠不能堪,放还。筑室桃花坞,与客日般饮其中"[②]。唐寅的《进酒歌》,显然是步李白《将进酒》的风流余韵,在醉眼蒙眬中,感叹着人生无常,来日苦短,视功名富贵如浮云、敝帚,洋溢着浪漫主义的激情:

> 吾生莫放金巨罗,请君听我进酒歌。
> 为乐须当少壮日,老去萧萧空奈何?
> 朱颜零落不复再,白头爱酒心徒在。
> 昨日今朝一梦间,春花秋月宁相待?
> 洞庭秋色尽可沽,吴姬十五笑当垆。
> 翠钿珠络为谁好,唤客哪问钱有无?
> 画楼朱阁临朱陌,上有风光消未得。
> 扇底歌喉窈窕闻,尊前舞态轻盈出。

---

① 《明史》卷268《列传第一百五十六·祝允明传》。
② 《明史》卷268《列传第一百五十六·唐寅传》。

> 舞态歌喉各尽情，娇痴索赠相逢行。
> 典衣不惜重酤酊，日落月出天未明。
> 君不见刘生荷锸真落魄，千日之醉亦不恶。
> 又不见毕君扑浮在酒池，蟹螯酒杯两手持。
> 劝君一饮尽百斗，富贵文章我何有？
> 空使今人羡古人，总得浮名不如酒。①

虽然，唐寅曾对朋友说过："吾性嗜酒，必饮而后作诗。"② 但他并非嗜酒如命的酒鬼。在《花酒》这首诗中，他还告诫人们勿贪酒色。

> 戒尔无贪酒与花，才贪花酒便忘家。
> 多因酒浸花心动，大抵花迷酒性斜。
> 酒后看花情不见，花前酌酒兴无涯。
> 酒阑花谢黄金酒，花不留人酒不赊。③

事实上，明朝人一些讽喻贪杯者的诗，颇不乏上乘之作。嘉靖时常熟人周岐凤纵情诗酒，自号"江湖风月神仙"，在僧寺道院厮混，后为人所诬，被官府通缉，东躲西藏，无人敢于接待。他去投奔常熟的大乡绅钱永辉，钱送他一首诗，此诗颇有情致。

> 闻说多才命未逢，年来无处觅行踪。
> 一身作客如张俭，四海何人似孔融。
> 野寺莺花春对酒，河阳风雨夜推篷。

---

① 唐寅：《唐伯虎全集》卷1《进酒歌》。
② 唐寅：《唐伯虎全集》卷1《唐伯虎轶事》卷2引《蕉窗杂录》。
③ 唐寅：《唐伯虎全集》卷2《花酒》。

机心尽付东流水，回首家乡似梦中。①

万历时著名作家薛论道（1531—1600）写的《桂枝香·嘲酒徒》，不啻是对酒徒的当头棒喝。

狂痨酒病，石坚铁硬。狂痨大药难医，酒病灵丹不应。两般儿送人，危身系命。黄汤壮胆，青州败名。昨朝无愧今朝愧，酒后不惊醒后惊。②

在另一首《沉醉东风·秀才贪酒》中，同样指出了贪酒的危害性：

一醉酒天宽地窄，一醉酒惹祸招灾，一醉酒学问疏，一醉酒聪明坏，把文章送入阳台。不念青春不再来，及回头黄金怎买？③

明代浙中举子张子兴（杰）的《中酒诗》，写自己醉后的感觉，不但情真意切，并能情景交融，给人以特殊的美的享受，远远超过前人同类题材中的作品，不失为酒文学中的珍品。

一枕春寒拥翠裘，试呼侍女为扶头。
身如司马原非病，情比江淹不是愁。
旧隶步兵今作敌，故交从事却成仇。

---

① 余永麟：《北窗琐语》。
② 路工编：《明代歌曲选》。
③ 同上。

淹淹细忆宵来事，记得归时月满楼。①

某些诗人有关酒的诗，虽谈不上是佳作，但从这些诗中，我们可以看出当时的一些社会风尚。如英宗时的学者刘昌，在史馆任职时，"日请良酝酒一斗"，但饮的少，大部分都藏着。他的朋友汤同谷（亂勋）向他讨酒喝，先写一首诗奉上。诗曰："兼旬无酒饮，诗腹半焦枯。闻有黄封在，何劳市上沽？"②真是彬彬有礼，别具一格。而有个叫陈藻的文士（号苍崖），家中贫困，却嗜酒如命。某日，他口袋里仅有一文钱，却仍然买酒喝了。作诗自嘲道："苍崖先生屡绝粮，一钱犹自买琼浆。家人笑我多颠倒，不疗饥肠疗渴肠。"③这也不失为无聊文人的自供状。

六、酒与民间文学

1. 酒与民歌

不少民歌，都涉及酒，颇有情致。以江南的民歌而论，嘉靖时的吴歌，以苏州的最佳，后来杭州也有很不错的民歌流行，如："月子弯弯照九州，几人欢乐几人愁，几人高楼行好酒，几人飘蓬在外头。"后来《剪灯新话》的作者、著名作家瞿宗吉（1341—1427）在嘉兴听到这首民歌，遂翻以为词。云：

帘卷水西楼，一曲新腔唱打油，宿雨眠云年少梦，休讴，且尽生前酒一瓯。

---

① 无怀山人编：《酒史》。
② 刘昌：《悬笥琐探摘抄》。
③ 周晖：《金陵琐事》。

明日又登舟，却指今宵是旧游，同是他乡沦落客，休愁，月子弯弯照九州。①

一首民歌，经过作家的加工，遂成为一首有声有色的词，这正充分表明了民间文学是正宗文学的源泉。而从明代大量的民歌看来，许多民歌都是与酒交融在一起的，洋溢着男欢女爱的恋情，朴实、真挚，使人读后如饮美酒，回味无穷。如《挂枝儿·醉归》：

俏冤家吃得这般样的醉，扶进来，倒在床，不分南北与东西。是谁家天杀的哄他吃醉？我哥哥的量又不十分好，苦苦灌他做甚的。醉坏了我哥哥也，就是十个也赔不起。

俏冤家夜深归，吃得烂醉。似这般倒着头和衣睡，何似不归，枉了奴对孤灯守了三更多天气。仔细想一想，他醉的时节稀。就是抱了烂醉的冤家也，强似独睡在孤衾里。②

第一首《挂枝儿》，可谓写尽了痴情女子对深夜醉归的情郎的怜爱；第二首《挂枝儿》，则使人想起唐朝人的诗句："门外狗儿吠，知是萧郎至。划袜下香阶，冤家今夜醉；扶得入罗帏，不肯脱罗衣。醉则从他醉，犹胜独眠时。"可见古今风人，所见略同，故能奏异曲同工之效。又如《挂枝儿·送别》："送情人，直送到花园后。禁不住泪汪汪，滴下眼梢头。长途全靠神灵佑。逢桥须下马，有路莫登舟。夜晚的孤单也，少要饮些酒。"③在殷殷惜别时，劝情人少饮酒，是多么情真意切。而《挂枝儿·骂杜康》及《挂枝儿·酒风》，则风风火火，于泼

---

① 田汝成：《西湖游览志馀》。
② 冯梦龙编：《明清民歌时调集》上册。
③ 同上。

辣中见真性情，如闻其声，如见其人，实在令人称奇。

骂杜康

俏娘儿指定了杜康骂：你因何造下酒，醉倒我冤家。进门来一交儿跌在奴怀下，那管人瞧见！幸遇我丈夫不在家，好色贪杯的冤家也，把性命儿当做耍。

酒风

杀千刀，你做什么身和分！往常时吃醉了还有些正经，到如今越弄得不学长进？又不害甚风颠病，还不安定了六神。你看东撞西歪也，人事全不省！①

2. 酒与笑话

当今之世，烟、酒为害之烈，已越来越清楚地被人们所认识，戒烟、戒酒，也就成了人们经常性的话题。但对于"瘾君子"和"高阳客"来说，要彻底戒掉所嗜之物，又谈何容易！以致闹出种种笑话。以今视古，当无不同。明代南京人陈镐，很能喝酒。他在担任山东提督学政后，其父担心他因酒妨碍公务，特地寄信给他，要他戒酒。父命难违，陈镐便拿出自己的俸金，命工匠特制一只大酒碗，能装二斤多酒，在碗内刻上八个大字："父命戒酒，止饮三杯。"被士林传为笑谈。②

明末还流行这样的笑话：某人好酒，梦中见到有人送酒给他吃，他嫌冷，叫人拿去加热，想不到就在这时候醒了，他懊悔不已，连连

---

① 冯梦龙编：《明清民歌时调集》上册。
② 冯梦龙纂：《古今笑史》。

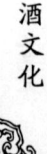

叹气道："早知就醒了，何不吃些冷的也罢！"[1]对于这位酒痴来说，用一句上海的歇后语来形容，大概是最恰当不过了：捏鼻头做梦——困扁了头。

3. 酒与神话

大概从五代起，在民间行业神中，杜康成了酒铺供奉的神。明朝也是这样。其实，杜康其人带有传说性质，近乎子虚乌有。前人早就指出："世言杜康造酒，魏文帝诗亦云：何以解忧，唯有杜康。但历考诸史，不载杜康何代人氏，唯说名曰'杜康'，即夏时之少康也，采仪狄酿酒法而润色之。"[2]说杜康就是少康，也并无确切证据。中国自古以来，民间的宗教信仰相当杂泛，往往因人因时因地而异，对酒神的崇拜也是如此。在明朝人的小说中，即曾描写在江南吴县的"一座酒肆"中，"店前一个小小堂子，供着五显灵官"[3]。看来，在这座酒肆中，五显灵官早把杜康罢官夺权，取而代之了。神话，归根到底，是人话，或者说，是人话的异化。关于酒的神化，也是如此。如郎瑛曾见过南阳人花客胡长子，每天饮百杯酒也不醉，怀疑他有特殊的门道，私下询问他的仆人及同行的人，他们的回答却是："素不能饮，偶梦神授酒药一丸，遂尔如是！"[4]这样的神话，其实与鬼话也很难加以区分。据明朝人侯甸《西樵野记》记载，景泰年间，绍兴文人葛棠，博学能文，豪放不羁。他在小花园中筑小亭一座，匾曰"风月平分"，旦夕浩歌，"纵酒自适"。其书房的墙上，挂着《桃花仕女图》。葛棠开玩笑地说："如果能得到画中人捧杯，我岂吝千金！"没想到有次夜饮半酣，见一位美女走进来，说："我早就知道您文采风流，并承蒙您白天惦记我，

---

① 《新刻华筵趣乐谈笑酒令》卷4《谈笑门·嘲好酒人》。
② 徐炬辑，汪士贤校：《酒谱》。
③ 抱瓮老人辑：《今古奇观》上。
④ 郎瑛：《七修类稿》卷45《事物类·酒乃天禄》。

现在我就咏诗侑酒。"葛棠喜不自胜,说:"我想吃一杯酒,你就咏一首诗。"结果,这位美人连咏诗百首,葛棠早已酩酊而卧。早晨醒来,看画上的仕女,不知何处去,但不久,又重现于画上。回忆夜间她咏的诗,不少首还能背出,如:"梳成松髻出帘迟,折得桃花三两枝,欲插上头还在手,偏从人间可相宜。""西湖荷叶绿盈盈,露重风多荡漾轻,倒折荷枝丝不断,露珠易散似郎情。""芙蓉肌肉绿云鬟,几许幽情欲话难,闻说春来倍惆怅,莫教长袖倚栏杆。"这则关于酒的神话,交织着诗情画意,令人神往。

明末沧州生产的酒,特别是沧州吴氏、刘氏、戴氏诸家的产品,酒味清洌,行销四方。关于沧州酒,也有一则富有神话色彩的民间传说:

> 沧州城外酒楼,背城面河,列屋而居。明末有三老人至楼上剧饮,不与值,次日复来饮,酒家不问也。三老复醉,临行以余酒沥澜于外河,水色变,以之酿酒,味芳洌。①

奇怪的是,仅仅是咫尺之遥,除了外河这一地段外,余处水皆不佳。不过,岁月无情,今日沧州的好水,早已渺不可寻了!

第七节　酒与艺术

一、酒与画

天才的画家唐寅,年轻时即以诗酒绘画,名擅江南。老了,依然

---

① 阮葵生:《茶余客话》卷10。

故我。据载：

> 晚年寡出，常坐临街一小楼，惟乞画者携酒造之，则酣畅竟日，虽任适诞放，而一毫无所苟。①

这真是一位特殊的泡在酒里的奇才。如果断了酒，唐寅的诗与画，恐怕是要黯然失色的。

荒村疏篱，酒帘飘拂，深山雪夜，高士独酌，凡此种种，都是明朝文人画常见的主题。嘉靖时浙江永嘉人周才甫，诗、画俱佳，喜欢画梅，"每对客酒间命笔，殊可人意"②。

画家的笔墨，有时也越过阴阳界，挥洒到阴间去，描摹真正的酒鬼们的雅趣。北京宣武门外的归义寺，是士大夫送行之地。嘉靖中，刑部郎中苏志皋，饯客至寺，一看壁上的画，便忍俊不禁：这是李镇所画判子图，画中的钟馗，脱靴为壶，令一鬼执而斟之，而另外一鬼，却在钟馗身后偷饮。苏志皋戏题一诗云：

> 芭蕉秋影送婆娑，醉里觥筹射鬼魔。
> 到底不知身后事，酆都城外更如何！③

这幅画，这首诗，都别有情趣。

万历时的著名画家吴小仙（1409—1508），也是与酒结下不解之缘。某次，他"饮友人家，酒边作画，戏将莲房濡墨印纸上数处，主

---

① 《唐伯虎轶事》卷2。
② 朱孟震：《玉笥诗谈》卷上。
③ 胡山源编：《古今酒事》，上海书店1987年版。

人莫测其意，运思少顷，纵笔挥洒，成捕蟹图一幅，最是神妙"[1]。同一时期的另一位画家汪肇（号海云，休宁人），善画山水人物，不但爱喝酒，并能鼻饮，没想到这一手，竟救了他的性命。某次，他去南京，途中误上贼船。群贼祭江神，相约夜间劫掠某太守的船，要汪肇也入伙。他表面上答应，却自我介绍善画，给每人画了一个扇面，并用鼻饮酒，逗得贼首开怀大饮，以致沉醉，遂误了劫船。次日，汪肇得便上岸，逃离贼船。他常自负："作画不用朽，饮酒不用口。"[2]

明末有位画龙的圣手，号"一瓢子"，故事相当传奇。

> 一瓢子，不知其姓名。性嗜酒，善画龙。敝衣蓬跣，担筇竹杖，挂一瓢，行歌谩骂……居澧阳，年可七十，澧人异之。或具酒蓄墨汁，乞一瓢子画，不能得。一日饮龚孝廉园中，颓然一醉，直视沉吟。久之座中顾曰：此一瓢子画势也。一瓢子……又令小儿跳号，四面交攻，已信手涂泼，烟雾迷空，座中凛凛生寒气，飞潜见伏，随势而成。署其尾曰牛舜耕，问其故，笑而不答。[3]

明末，天下大乱，特立卓行之士，往往掩其真名实姓，隐匿于江湖间，与酒为伴，偶露其技，每冠绝一时，令人惊叹。"一瓢子"其人，盖亦此辈中人。其行事，亦如其画，鱼龙变化，令人莫测。世末多悲哀，一代奇才，往往就这样相忘于江湖，真令人嗟叹不已！

---

[1] 周晖：《金陵琐事》卷2《画谈》。
[2] 周晖：《金陵琐事》卷2《画谈》。
[3] 林慧如编：《明代轶闻》卷5《一瓢子》。

二、酒与制陶

自正德以来，宜兴的紫砂茶壶，历享盛名而不衰。而最著名的制紫砂茶壶的能手，当推时大彬。史载：

> 时大彬，号少山。或陶土，或杂砂碙土，诸款具足，诸土色亦具足。不务妍媚，而朴雅坚栗，妙不可思。初自仿供春得手，喜作大壶。后游娄东，闻陈眉公与琅邪、太原诸公品茶、试茶之论，乃作小壶。几案有一具，生人闲远之思。前后诸名家，并不能及。遂于陶人标大雅之遗，擅空群之目矣。④

如此看来，时大彬真是一位神思飘逸的艺术家。正如清代诗人陈其年所歌颂的那样："宜兴作者推龚春，同时高手时大彬，碧山银槎濮谦竹，世间一艺皆通神。"⑤而据时人徐应雷《书时大彬事》记载，则时大彬制作那些紫砂神品，其原动力完全是酒：

> 犀象金玉之器，非不贵重，商周彝鼎，非不甚古，余性不能好也。自余来阳羡，有客示以时大彬罍，甚小，而其价甚贵……一日，过诸杨纯父斋中，其人朴野，黧面垢衣。余问纯父：渠何以淫巧索高价若此？纯父曰：是渠世业，渠偶然能精之耳。初无他淫巧，渠故不索价，性嗜酒，所得钱辄

---

① 吴骞：《阳羡名陶录》上。
② 阮葵生：《茶余客话》卷10。

付酒家，与所善村夫野老剧饮，费尽乃已。又懒甚，必空乏久，又无从称贷，始闭门竟日抟埴，始成一器，所得钱辄复沽酒尽。当其柴米瞻，虽以重价投之不应……嗟乎，吾吴中祝希哲草书、唐伯虎画，并称神品，为本朝第一，又并有文章盛名。然其人皆日坐松竹间，散发裸饮，其胸中脩然无一事……今观时大彬一艺，至微不足言，然以转嗜酒，故能精，而况于书与画，而况于文章，而况于学圣人，学佛者也。①

显然，时大彬真是一位怪杰。他制作的紫砂茶壶，不仅是心血的结晶，更是酒的结晶。他堪称是酒王国里天才的大匠！

三、酒与音乐

明人胡应麟（1551—1602）曾谓："唐妓女、歌曲、酒楼，恍惚与今俗类。"②这就间接道出明代酒、音乐、妓女三者之间的关系，是很密切的。事实正是这样。而何良俊则谓："西北士大夫饮酒皆用伎乐。"③其实又何止西北？举国皆然。也许以经济富庶、文化发达的江南为甚。即以何良俊家为例。他曾自述："余家自先祖以来，即有戏剧……又有乐工二人教童子声乐，习箫鼓弦索。"④江南大户，缙绅之家，不少人有良好的音乐素养。嘉靖时张居正（1525—1582）的老师顾璘（1476—1545）在南京赋闲家居时，差不多三天一次，大办筵席，"令教坊乐工以筝箫佐觞"⑤。晚明著名文学家张岱（1597—1679）之弟

---

① 《明文海》卷352。
② 胡应麟：《少室山房笔丛》。
③ 何良俊：《四友斋丛说》卷18。
④ 何良俊：《四友斋丛说》卷13。
⑤ 徐复祚：《花当阁丛谈》卷5。

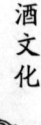

萼初，六岁时即饮酒，觉得味道不错，遂"偷饮数升，醉死瓮下"，家人"以水浸之，至次日始苏"。真是一位自幼在酒中泡大的人。此公不仅懂诗词歌赋、书画琴棋，而且"笙箫弦管"、"挝鼓唱曲"，"无不工巧入神"[①]。不难想见，此辈欢聚饮酒，自免不了吹拉弹唱。张岱的《定香桥小记》载谓：

> 甲戌（1634）十月，携朱楚生住"不系园"看红叶，至定香桥，客不期至者八人……余留饮……杨与民弹三弦子，罗三唱曲，陆九吹箫……章侯（按：即著名画家陈老莲[1599—1652]）唱村落小歌，余取琴和之。[②]

好友相聚，已属乐事，而这些朋友中，多数人又精通音乐，献技侑酒，这就更使人有虽曲终筵散而犹不忍离去之感了。《金瓶梅》中有大量酒与音乐的描写，试举一例：

> 西门庆……与诸人燕饮，就叫两个歌童前来唱。只见捧着檀板，拽起歌，唱一个：
> 【新水令】小园昨夜放红梅，另一番动人风味。梨花迎笑脸，杨柳妒腰围。试问荼蘼开到海棠未？
> 【驻马听】野径疏篱，阵阵香风来燕子；小园幽砌，纷纷晴雨过林西。芳心不与蝶潜知，暗香未许蜂先觉，阑遍倚，不知多少伤心处。
> 【雁儿落带得胜令】我则见碧阴阴西施锁翠，红点点鹦

---

① 张岱：《琅嬛文集·五异人传》。
② 张岱：《西湖梦寻》卷4。

鸫抛珠泪。舞仙仙砑，光帽帽簪，虚飘飘花谷楼前坠。尚兀是芳气袭人衣，艳质易沾泥。落处鱼惊，飞来蝶欲迷。寻思凭谁寄还悲，花源未可期。①

毫无疑问，饮酒的风尚，促进了民间音乐的发展；而那些歌女、歌童，无论唱的是阳春白雪，还是下里巴人，同样都点缀了酒文化，使之更纷彩多姿。不难想见，如果没有歌声，酒楼就肯定不能吸引更多的来客。因此，音乐的兴盛，同样促进了酒文化的发展。

需要指出的是，歌声是没有贫富界限的。再穷的人，如果偶有酒饮，也往往会唱上一段民歌、小曲，起码也能哼上几句无字腔。晚明时苏州有个孝丐的故事，相当感人：某月夜，有位阔佬过桥，听到桥下有歌声，一看，但见一个叫花子跪在地上歌唱，边上坐着一位老太太，叫花子正一边唱着，一边将讨来的酒，献给老太太，劝她饮用。阔佬感到惊讶，便问丐儿其故，丐儿说："侬有母，以侬窭不得欢，聊歌唱以发其一粲耳！"② 真是人虽穷，情不薄。虽以乞讨苦度光阴，但仍懂得用歌唱为老母侑酒，以尽孝道。对比之下，某些富家儿，虽腰缠万贯，却不知孝顺父母，真该愧死矣！

四、酒与戏术

据明人余永麟记载，有个叫朣仙的人，得一葫芦，剖开作瓢，葫芦内飞出一物，状如蝴蝶，五色可爱，随着一道白光，此物不见了。朣仙以为神物，便在瓢上刻其铭曰："一瓢酌尽乾坤髓，几醉茅亭抱月

---

① 《金瓶梅词话》第4册第55回。
② 徐复祚：《花当阁丛谈》卷4。

眠。"有一天，有位道士来访，臊仙将他引入丹室，给他瓢，舀炕头酒瓮中的酒喝。道士觉得恭敬不如从命，以瓢就瓮取酒而饮，但得半瓢，一饮而尽，并说："此瓢大，能渗酒，请勿见怪。"说罢告辞而去。道士走后，"臊仙令人视瓮中之酒与槽，俱尽竭矣"①。看来，出现这样的咄咄怪事，并非是那只酒瓢有什么奥妙神奇之处，而是道士肯定精通戏法。万历年间的熊潮，史载"善戏术"。凡梨园子弟至其地，一定要先去向他致意，才能多获利市，否则演出时，熊潮手指一指，即使是最善于歌唱的演员，便顿时哑然失声。熊潮走过酒家，如碰上新酿出来的酒，店主必定要请他先尝新，这种酒才能受顾客欢迎，很快卖完，否则酒即改味，无人问津，"酒家来谢过，味即复旧，沽者忽填门"②。熊潮凭自己的一技之长，讹诈梨园、酒家，实不可取也。

---

① 余永麟：《北窗琐语》。
② 郑仲夔：《耳新》卷8。

第四章 天涯谁是酒同僚——酒与医学、园林、旅游

第一节 酒与医学

尽人皆知，酒中含有酒精，适量饮用，能兴奋神经中枢，促进血液循环，起到舒筋活血、消除疲劳等功效。这样，酒便很自然地与医学结缘。天启时学者缪希雍（约1546—1627）正确地指出："酒品类极多，醇醨不一，惟米造者入药用……主通血脉，厚肠胃，润血肤，开发宣通之功耳。"①

一、药酒

李时珍（1518—1593）的药学巨著《本草纲目》，记载药酒七十五种。②他在该书的《附诸酒方》中指出："《本草》及诸书，并有治病、酿酒诸方。今辑其简要者，以备参考。药品多者，不能尽录。"③他所介绍的药酒有：愈疟酒、屠苏酒、逡巡酒、五加皮酒、白杨皮酒、女贞皮酒、仙灵脾酒、薏苡仁酒、天门冬酒、百灵藤酒、白石英酒、地黄

---

① 缪希雍：《本草经疏》卷25。
② 谢永新等编著：《百病饮食自疗》。
③ 李时珍：《本草纲目》卷25《谷部》。

酒、牛膝酒、当归酒、菖蒲酒、枸杞酒、人参酒、薯蓣酒、茯苓酒、菊花酒、黄精酒、桑葚酒、术酒、蜜酒、蓼酒、姜酒、葱豉酒、茴香酒、缩砂酒、莎根酒、茵陈酒、青蒿酒、百部酒、海藻酒、黄药酒、仙茆酒、通草酒、南藤酒、松液酒、松节酒、柏叶酒、椒柏酒、竹叶酒、槐枝酒、枳茹酒、牛蒡酒、巨胜酒、麻仁酒、桃皮酒、红曲酒、神曲酒、柘根酒、磁石酒、蚕沙酒、花蛇酒、乌蛇酒、蚺蛇酒、蝮蛇酒、紫酒、豆淋酒、鹿茸酒、戊戌酒、羊羔酒、腽肭脐酒。[1]有一些药酒，至今仍风行天下，如：五加皮酒"去一切风湿痿痹，壮筋骨，填精髓。用五加皮洗刮去骨，煎汁和曲米酿成饮之，或切碎袋盛，浸酒煮饮，或加当归、牛膝、地榆诸药"；当归酒"和血脉，坚筋骨，止诸痛，调经水。当归煎汁，或酿或浸"；人参酒"补中益气，通治诸虚，用人参末同曲米酿酒，或袋盛浸酒，煮饮"；蚺蛇酒"治诸风痛痹，杀虫辟瘴，治癞风疮、癣恶疮。用蚺蛇肉一斤，羌活一两，袋盛，同曲置于缸底，糯饭盖之，酿成酒饮，亦可浸酒"；虎骨酒"治臂胫疼痛，历节风，肾虚，膀胱寒痛。虎胫骨一具，炙黄，槌碎，同曲米如常酿酒饮，亦可浸酒"；鹿茸酒"治阳虚痿弱，小便频数，劳损诸虚。用鹿茸、山药浸酒服"，等等。

《本草纲目》成书于万历六年（1578），十二年后第一次付刻。而在更早一些的著述中，即有药酒的记载。如弘治壬戌（1502）刻本，在农村广为流行的通书《便民图纂》，即有药酒之一菊花酒的记载："酒醅将熟时，每缸取黄英菊花（去萼、蒂，甘者），只取花英二斤，择净入醅内搅匀，次早榨则味香美。"[2]菊花酒可以治头风，明耳目，祛痿痹。而晚明的《本草经疏》，记载可酿造药酒的中药，有五加

---

[1] 李时珍：《本草纲目》卷25《谷部》。
[2] 《便民图纂》卷15。

皮、女贞实、仙灵脾、薏苡仁、天门冬、麦门冬、地黄、菖蒲、枸杞子、人参、何首乌、甘菊花、黄精、桑葚、术蜜、仙茅、松节、柏叶、竹叶、胡麻、磁石、蚕沙、乌白蛇、鹿茸、羊羔、腽肭脐、黑豆之类，"各视其所生之病，择其所主之药，入曲米，如常酿酒法酿成饮，或袋盛入酒内，浸数日饮之"①。大体上，是继承了《本草纲目》的药学传统。

二、特种药酒

此外，还有一些特殊的药酒，在制作上，有别于一般药酒，并非用中药与曲酿成，而是以某种药物，用酒服下，这有别于在某些中药中，酒仅仅起到药引的作用，因此笔者仍然把它纳入药酒范围。成化时陆容曾记载："猫生子胎衣，阴干烧灰存性，酒服之，治噎塞病有效。闻猫生子后即食胎衣，必候其生时急取则得，稍迟，则落其口矣。"②不知今日民间，仍有此药酒否？至于猫生子后即食胎衣，则是千真万确的事实，村民常见之。最奇特的药酒，大概要数根本不是酒的"轮回酒"。史载：

> 轮回酒，人尿也。有人病者，时饮一瓯，以酒涤口。久之，有效。跌扑损伤，胸次胀闷者，尤宜用之。妇人分娩后，即以和酒煎服，无产后诸病。南京吏侍章公纶在锦衣狱，六七年不通药饵，遇胸膈不利、眼痛、头痛，辄饮此物，无不见效。③

---

① 缪希雍：《本草经疏》卷25。
② 陆容：《菽园杂记》卷13。
③ 同上。

今日仍用人尿入药，并沿用古名"人中白"及"淡秋石"。"人中白"用凝结在尿桶或尿缸中的灰白色无晶性之薄片或块片，洗净干燥，再用火煅而成，能清热解毒，祛瘀止血。可治咽喉肿痛、牙疳口疮及咯血、衄血等症。"淡秋石"，乃今人用"人中白"浸去咸臭，晒干，击碎，或加白芨浆水拌和，制成方块，能滋阴退热，可治骨蒸劳热、咽痛、口疮等症①。但古老的"轮回酒"这一名称，现今已经不再沿用。

《竹屿山房杂部》记载的宫廷特种药酒"长春酒"的秘方，以及另一种药酒"神仙酒"的奇方，史籍罕见，值得我们重视，现抄录如下：

长春酒法：当归、川芎、黄芪（蜜炙）、白芍药、甘草（炙）、五味子、白术、人参、橘仁、熟地黄、青皮、肉桂（去粗皮）、半夏、槟榔、木瓜、白茯苓、缩砂、薏苡仁（炒）、藿香（去土）、麦蘖（炒）、沉香、桑白皮（蜜炙）、石斛（去根）、白豆蔻仁、杜仲（炒）、木香、丁香、草果仁、神曲（炒）、厚朴（姜制炒）、南星、苍术（制）、枇杷叶（去毛炙），右（上）件各制了，净秤三钱，等分作二十包，每用一包，以生绢袋盛浸于一斗酒内，春七日，夏三日，秋五日，冬十日，每日清晨一杯，午一杯，甚有功效。除湿实脾，去痰饮，行滞气，滋血脉，壮筋骨，宽中快膈，进饮食。

神仙酒奇方（专医瘫痪，四肢拳挛。风湿感搏重者，宜服之）：五加皮（一两并心剉去土）、紫金皮（一两并骨剉）、当归须（六钱洗净剉），右件咬咀用酒瓶浸三宿，夏一宿，更用好酒一瓶，

---

① 上海中医学院方药教研组编：《中药临床手册》。

取酒一盏，入未浸酒一盏，每日两盏，暖服。两瓶酒尽时，自有神效①。

诸如此类的药酒及配方，还有不少，笔者将在今后另行著文介绍，供同好及制酒企业家参考。还值得一提的是，明代某些炮制药酒的高手，技术超群，受到时人的歌颂。如成化时的修撰罗伦（1431—1478），即写过一首题名《张元惠药酒》的诗，对张元惠及药酒称颂不已：

药和云液效方神，日日山妻泣四邻。
食旨自知非宰我，独醒谁信是灵均？
谁将鹅杓分余滴，欲脱鹔裘换一巡。
忽报白衣人送至，玉壶持送曲江春。②

明朝的药酒，有些一直传到现在，造福世人。虎骨酒帮我治好脚关节伤痛，鹿茸酒使我在寒冬增加了抗寒能力，阳气大增。此小小例证也，相信普天之下，受惠于药酒者，多得不可胜数，药酒是中医的重要组成部分。

三、龟龄集酒

谈论明朝酒文化，龟龄集酒也值得一说，而要说清楚龟龄集酒，则需从老君益寿散说起。

---

① 朱谋：《竹屿山房杂部》卷15。
② 罗伦：《一峰文集》卷13。

今日，山西出产的龟龄集酒，享誉国中。然述其来源，则可谓久矣。由宋真宗景德进士张君房主持所编的《云笈七签》，是一部大型道教类书。据《云笈七签》卷74方药部记载，古有老君益寿散者，为养生助阳之滋补药品，因得以在宫中流传。而到了嘉靖年间，该滋补药品更是颇得嘉靖皇帝的青睐。明世宗嘉靖皇帝朱厚熜，少年登基，好道教，耽溺于斋祀玄修诸事，并以迷恋女色为长生不老之途径。正是由于此缘故，嘉靖皇帝朱厚熜向天下颁诏，征集名医仙药，时有方士邵元节和陶仲文便将道家类书《云笈七签》中所记载的"老君益寿散"重新调配，制成了可"长生不老"的所谓"仙药"，献给嘉靖皇帝。"老君益寿散"传为葛洪所创，据相关典籍记载，其配方、炮制之法、效用如下：

天门冬五两（去心，焙），白术四两，防风一两（去芦头），熟地黄二两，细辛三分，干姜一两（炮裂，锉），桔梗一两（去芦头），天雄半两（炮裂，去皮脐），桂心半两，远志一两（去心），肉苁蓉一两（酒浸，去皱皮），泽泻一两，石斛半两（去根锉），柏实半两，云母粉半两，石韦半两（去毛），杜仲半两（去粗皮锉），牛膝半两（去苗），白茯苓半两，菖蒲半两，五味子半两，蛇床子半两，甘菊花半两，山茱萸半两，附子一两半（炮裂，去皮脐）。

右件药捣，罗为散。平旦酒服三钱，冬月日三服，夏平旦一服，春、秋平旦日暮各一服。药后十日知效，二十日所苦觉灭，三十日气力盛，四十日诸病除，六十日身轻如飞，七十日面光泽，八十日神通，九十日精神非常，一百日已上，不复老也。若能断房，长生矣！

用人乳配制而成。

邵元节和陶仲文将此"仙药"方进献给嘉靖之前,对药方作了一些改进,而改良后的药方效果更好,朱厚熜十分高兴。为了强健身体,嘉靖皇帝服用了不少老君益寿散,并将此药方取名为"龟龄集",意思是寿比龟长。从此,龟龄集方遂被明宫奉为"秘享之宝"。此事,嘉靖时曾擅专国政达二十年之久被称为"青词宰相"的权臣严嵩在其文集《嘉靖奏对录》有记载,这里不赘。此书原刻本现藏图书馆本部。

到了清朝,又有两位皇帝对龟龄集相当着迷,一位是雍正皇帝,一位是乾隆皇帝。然而,彼时的龟龄集实际上长期搁置,而酷想长寿不老的雍正皇帝,便于雍正八年(1730)要求宫廷御医张尔泰等人在明朝龟龄集28味方的基础上进行二次开发,并且终于研制成功。据相关记载,作为清宫"御用圣药"的龟龄集方,使用了当归、杜仲、青盐、生地、锁阳、熟地、补骨脂、川牛筋、枸杞子、天门冬、肉苁蓉等三十三味中药,除了用到人乳而外,还有醋、井水、河水、烧酒等。这种药的炮制工序十分复杂,不仅需要炼"三十五天",而且取出来之后还需要放进干涸的水井中"浸埋七日"。不但如此,而且整个炮制过程还非常神秘,需要选"吉日良时,入净室修合一处,忌鸡、犬、孝服妇人见之"。龟龄集须与黄酒一起服用。

据宫中档案《龟龄集方药原委》所记,服下此药之后,"浑身燥热,百窍通和,丹田温暖,痿阳立兴"。由此来看,该药应该有"壮阳"之功效,否则嘉靖皇帝以及后来的雍正、乾隆二帝,又为何如此嗜食呢?在清代,龟龄集是宫廷秘方,秘不外传,雍正帝对其兴趣最大,乾隆帝则更是对其迷信到了"不可一日不用"的地步。

龟龄集方中,重要的配料之一是"人乳",因此可以说,服用该药的帝王们实际上就是天天服用人乳。

此秘方后来流落到山西太谷县,龟龄集成了山西特产的一种著名

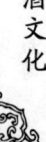

中药。而值得一提的是，经现代科学检测龟龄集方确是一副妙药。此方目前系中药"四大保密品种"之一，但现代配方中已经放弃了"人乳"。正是：

> 嘉靖皇帝杯中物，人间苍凉五百年。
> 当年温情今何在？龟龄集酒暖心田。

四、醒酒方

明代民间醒酒、解酒毒的办法是很多的。一种是吃某些食物，如吃白扁豆①、赤豆汁②，可解酒毒，而多食橄榄③，则可醒酒。另一种是吃汤药。有一帖解酒的配方是：

> 瓜蒌、贝母、山栀（炒）、石膏煅香附、南星（姜制）、神曲（炒）、山楂（各一两），枳实（炒）、姜黄、萝卜子（蒸）、连翘、石碱（各五钱），升麻（三钱五分）共为末，姜汁炊饼丸，白汤送下。④

另有缩砂汤、香橙汤，其配方是：

> 缩砂汤：缩砂仁（四两）、乌药（二两）、香附子（一两炒）、粉草（二两炙）共为末，每用二钱，加盐。沸汤点服，中酒

---

① 艾衲居士：《豆棚闲话》。
② 《便民图纂》卷11。
③ 同上。
④ 《便民图纂》卷13。

者服之妙，常服：快气进食。

> 香橙汤：大橙子（三斤去核，切作片子连皮用）、檀香末（半两）、生姜（五两，切作片焙干）、甘草末（一两）内二件用净砂盆烂，次入檀香、甘草末和作饼子焙干，碾为细末，每用一钱盐少许，沸汤点沸，宽中快气消酒。①

明清之际的著名学者方以智（1611—1671），也载有醒酒方，全文是：

> 饮酒欲不醉者，服硼砂末。其饮葛汤、葛丸者效迟。广人以葛粉为丸，充西国米。《千金方》：七夕日采石菖蒲末服之，饮酒不醉。大醉者以冷水浸发即解。（暄日中酒毒，煎黑豆，捣螺汁、米莩、澄茄、葛花俱可解。）②

古代先民的这些验方，是积累了无数实践经验的产物，是酒文化中的珍品，完全可以供今人借鉴。

五、饮酒忌

明代学者不仅指出，"凡饮酒宜温不宜热，宜少不宜多"，并指出某些身患疾病者，是不能饮酒的，如"有火症目疾、失血嗽痰者"，切不可饮酒。同时指出，酒后多饮茶，伤肾，聚痰成水肿；醉后洗冷水澡，易生痛痹；凡是用酒服丹砂、雄黄等物，将使药物毒入四肢，滞

---

① 《便民图纂》卷14。
② 方以智：《物理小识》卷6。

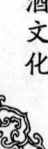

血化为痈疽，因此"中一切蛊、砒等毒，从酒得者不治"①。

六、迷药与蛊毒

清末有首题作《拍花》的诗写道："拍花扰害遍京城，药末迷人在意行。多少儿童藏户内，可怜散馆众先生。"②所谓"拍花"，徐珂的《清稗类钞》第39册，解释得颇清楚："即以迷药绝于行道之人，使其昏迷不醒，攘夺财物也。"而用迷药拐卖儿童，最为伤天害理，以至于此妖风大炽之日，连堂堂的天子脚下北京城内的儿童，也失去安全感，躲在家中，不敢上学。这就苦了以教书糊口的私塾先生们啦。明清小说及近代武侠小说中，常常有用迷药谋财、渔色的描写。这并非是小说家的向壁虚构，在当时是确实有这种东西，这种事情的。

（一）迷药

稽诸史籍，迷药大致上可分两类，一种是"蒙汗药"。关于此药的来龙去脉，笔者撰有《论蒙汗药和武侠小说》③等文，有兴趣者可参看，此处不赘述。要言之：蒙汗药乃曼陀罗花及所结种子制成，其解药主要是蓝汁。从明清之际的大学者方以智所著《物理小识》卷12的记载看来，是用威灵仙、精刺豌豆制成的。而从别的史料看来，则另有名堂。成化十三年（1477）七月，真定府晋州聂村的一位生员高宣之婿，抓获一个男扮女装，以做女工为掩护，奸淫妇女达十载之久的山西榆次区人桑冲，成为轰动一时的所谓"人妖公案"。经审问，桑冲招供，对于秉正不从的女子，"候至更深，使小法子，将随身带着鸡子一个，去青，桃卒七个，柳卒七个，俱烧灰，新针一个，铁锤捣烂，

---

① 穆世锡：《穆氏食物》卷8。
② 《都门杂纂·杂咏》。
③ 刊于台湾东海大学编：《中国文化月刊》1989年5月号。

烧酒一口，合成迷药，喷于女子身上"①。显然，这是另一种古怪的迷药。所谓"桃卒"、"柳卒"，不知道究为何物。桑冲先后奸淫良家女子182人，令人发指。后被奉旨凌迟处死，真是活该！

（二）蛊毒

我不知道蛊毒始于何时，留待暇时考证。不过，《左传》昭公元年即有"何谓蛊"的话，唐朝学者孔颖达疏曰："以毒药药人，令人不自知者，今律谓之蛊毒。"②《裴延龄传》也有"蓄蛊以殃物"的记载。南宋学者曾敏行撰《独醒杂志》卷9载："南粤俗尚蛊毒诅咒，可以杀人，亦可以救人，以之杀人而不中者或至自毙。"可以看出，宋代南粤地区，流行着颇有些神秘色彩的蛊毒术。在明代，南方的蛊毒更形猖獗，有蛇毒、蜥蜴毒、蜣螂毒、草毒等若干种，"食之变乱元气，心腹绞痛，或吐逆不定，面目青黄，十指俱黑"③。真是可怕极了。但是，魔高一尺，道高一丈。人们在实验中终于逐步找到了检验蛊毒、治疗蛊毒的方法。如："吐于水，沉而不浮"，即表明是中了蛊毒，可以口含黑豆，待豆胀烂，脱皮，嚼之，如感不腥，再嚼白磐。④明末清初的赵吉士，在所著《寄园寄所寄》卷5，则记载检验蛊毒的另一方法是，不管中毒时间多久，插银钗于熟鸡蛋内，含于口中，过些时候，取出鸡蛋，如俱呈黑色，即证明是中了蛊毒。治疗的方法是：五倍子二两，硫黄末一钱，甘草三寸，丁香、木香、麝香各十文，轻粉三支，糯米二十粒，共八味，入小沙瓶内，水十分，煎取其七，候药面生皱皮，用熟绢漉去滓，通口服。病人平正仰卧，令头高，感到腹间不断有物冲心，如吐出，状如鱼鳔之类，即是恶物。吐罢，饮茶一盏，泻亦无

---

① 陆粲：《庚己编》卷9。
② 《旧唐书》卷135。
③ 李乐：《见闻杂记》卷7。
④ 同上。

妨。然后煮白粥食之,忌生冷、油腻、酢酱。十天后,再服解毒丸三两,又经旬日,身体就完全康复了。这条记载颇详尽,对验、治蛊毒显然是行之有效的。

很可能是从宋到明,蛊毒为害甚烈,引起医学家高度重视,研究出种种"克敌制胜"的药方,以致明代伟大的药学家李时珍在所著《本草纲目》卷4,"蛊毒"条中,记录治蛊之药多达163味,这是很宝贵的医药遗产。据报纸、杂志披露,今日之南亚、非洲等热带地区,蛊毒仍然在危害人类,夺去不少人的生命。20世纪90年代中国内地也多次发生用蛊毒害人的案件。《湖南法制周报》1993年第2期刊有李林的《蛊毒·乱伦·谋杀》一文,揭露犯罪分子"将山里腐臭变了质的毒蛇捡来,晒干,碾碎成粉末,藏于手指甲缝里,欲施毒时轻轻一弹,毒粉飞落在别人的水杯之中"。当然,这只是蛊毒中的一种而已。看来,严峻的现实表明,我中华医药史上的治蛊良方,很值得当代医家珍视。金生叹先生曰:蛊毒是可怕的,是把奇突的杀人刀。但是,我以为,更可怕的蛊毒,是杀人不见血的蛊惑人心的软刀子。

七、由你奸似鬼,吃了老娘洗脚水——蒙汗药之谜

"那妇人那曾去切肉?只虚转一遭,便出来拍手叫道:'倒也!倒也!'那两个公人只见天旋地转,噤了口,望后扑地便倒。……只听得笑道:'着了!由你奸似鬼,吃了老娘洗脚水!'"这是我国古典小说《水浒传》中"母夜叉孟州道卖药酒"里一段扣人心弦的故事。这位自称老娘的,就是绰号"母夜叉"的孙二娘。她沾沾自喜的"洗脚水",不是别的,正是我们在《水浒传》和其他一些古典小说中常常见到的蒙汗药。你看,押送武松的那两个鸟公人,吃了孙二娘下了蒙汗

药的酒，顷刻间便被麻醉得死猪一般了。

遥忆童年，读了《水浒传》这段故事，不禁对如此神奇的"洗脚水"，在大为惊叹之余，浮想联翩：世界上到底有没有这种药？它是什么药物组成的呢？这一直是我的心头之谜。后来，当我长大成人，并成了史学工作者后，才知道我当年的心头之谜，实在也是"余生也晚"。原来，古人对蒙汗药早就有过怀疑、研究，力图解开其谜底。他们的辛勤劳动，是十分可贵的。

史籍中对蒙汗药一词，早有记载。明中叶郎瑛写道："小说家尝言：蒙汗药人食之昏腾麻死，后复有药解活，予则以为妄也。昨读周草窗《癸辛杂志》云：回回国有药名押不庐者，土人采之，每以少许磨酒饮人，则通身麻痹而死，至三日少以别药投之即活，御院中亦储之，以备不虞。"又《齐东野语》亦载："草乌末同一草食之即死，三日后亦活也。"又《桂海虞衡志》载："曼陀罗花，盗采花为末，置人饮食中，即皆醉也。据是，则蒙汗药非妄。"①

曼陀罗，又名闹羊花、山茄儿、喇叭花、凤茄儿、洋金花、老虎花、蓟茄树，野生。主要产于华南各省，但别的地方也能见到。我在上海师院时，即看到工地上有盛开的曼陀罗。来京工作后，我在先后居家的北京八角村、市中心西什库大街的空地上，都看到过曼陀罗。这里，郎瑛虽然未能指出蒙汗药到底是何物，但他根据史籍，举出押不庐、草乌末、曼陀罗花三种具有麻醉性能的药草，断言蒙汗药绝非小说家的虚妄之谈，结论弥足珍贵。且让我们来看一看这三种药草吧。

押不庐，李时珍根据《癸辛杂志》，曾予著录。指出这是一种草，有麻醉的效果，虽"加以刀斧亦不知"。草乌末，顾名思义，是草乌的末。草乌，是当代中药温里药中常用的药物。经化学分析，它含有

---

① 《七修类稿》卷45《事物类》。

乌头碱、新乌头碱及次乌头碱等，而乌头碱对人体的各种神经末梢及中枢有先兴奋后麻痹的作用。明初朱橚（1361—1425）等所撰的《普济方》中，即载有用于麻醉的"草乌散"。曼陀罗花，是茄科一年生草本植物曼陀罗等的花冠，在明代又名风茄、山茄子，今天中医的处方用名，称为洋金花、风茄花。这种花为什么叫曼陀罗花呢？李时珍在《本草纲目》中解释说："《法华经》言：'佛说法时，天雨曼陀罗花。'……曼陀罗，梵言杂色也。"显然，曼陀罗花是从印度传入我国的。但是，系何时传入？有待考证。据我所知，史籍中最早记载曼陀罗花的，似为北宋周师厚在元丰初年写成的《洛阳花木记》。① 此书在"草花"类中，载有曼陀罗花、干叶曼陀罗花、层台曼陀罗花三种，但并未指出此花的特性。那么，首先记载曼陀罗花有麻醉性的书，是哪一部呢？前述郎瑛《七修类稿》曾引南宋范成大著《桂海虞衡志》的一段有关记载，但查《古今逸史》、《知不足斋丛书》等收录的《桂海虞衡志》，均无此段记载。看来，如果不是郎瑛别有所据，就是他搞错了。成书比《桂海虞衡志》稍晚的史籍，则有明确的记载。如周去非谓："广西曼陀罗花，遍生原野。大叶百花，结实如茄子，而遍生小刺，乃药人草也。盗贼采，干而末之，以置人饮食，使之醉闷，则挈箧而趋。"② 这种用曼陀罗花末作麻药，使人食之不省人事，然后窃其财物的行径，堪称开《水浒传》中十字坡下张青、孙二娘夫妇所干勾当的先河。由此我们不难断定，令人感到扑朔迷离的蒙汗药，原来就是用曼陀罗花制成的。实际上，南宋建炎年间窦材在论及"睡圣散"这一药方时，即已明确记载谓："人难忍艾火灸痛，服此即昏不知痛，亦不伤人，山茄花（即曼陀罗花）、火麻花（即大麻）共为末，每服三

---

① 《说郛》第104册。
② 《岭外代答》卷8。

钱，小儿只一钱，一服后即昏睡。"①可见至迟在南宋，用曼陀罗花作为麻醉药，已普遍应用于外伤等各科。大概也正因为这种麻药十分普及，曼陀罗花的麻醉性能人皆知之，而且"遍生原野"，所以绿林豪客们才信手采撷，制成蒙汗药，经营他们的特种买卖。

上述文献记载，已为当代的科学实验所证实。江、浙、沪、藏等地研究中药麻醉的大夫，根据《水浒传》所载蒙汗药的线索，经反复试验，终于发现"蒙汗药"的主要成分，正是曼陀罗花。经分析，它含有莨菪碱、东莨菪碱及少许阿托品。1970年7月8日，江苏省徐州医学院附属医院，首次把以曼陀罗花为主药的中药麻醉汤剂成功地应用于临床，实践证明，麻醉效果是好的。古老的蒙汗药，重放异彩，造福于人类，令人振奋。

但至此，蒙汗药之谜也只能说是解开了一半。因为从《水浒传》的描写看来，当张青把两个麻倒的公人扶起后，"孙二娘便调一碗解药来，张青扯住耳朵灌将下去。没半个时辰，两个公人如梦中睡觉的一般，爬将起来"。这种解药，不可谓不灵！那么，这种解药，又是用什么草药制成的呢？可惜史籍上并无明确记载。但是，北宋时期杰出的科学家沈括，在论述中草药不同部位的药性与疗效时，曾说到坐拿"能懵人，食其心则醒"②。这就是说，吃了坐拿的叶子能使人昏迷，但吃了它的心，又可以使人苏醒。而据朱橚等所撰《普济方》载，在举行骨科手术时，病人服用坐拿草、曼陀罗花各五钱，即不知痛。如此看来，坐拿草与曼陀罗花一样，具有麻醉性能。那么，如果服用坐拿草的心，是否对服用曼陀罗花作麻醉的人，具有催醒作用呢？谨质疑，并提请医药界研究。搞中药麻醉的同志，为了找到曼陀罗花的解药，

---

① 《扁鹊心书》。
② 《补笔谈》卷3《药议》。

付出了艰辛的劳动,并已取得重大成果。1972年,国内已经人工合成了毒扁豆碱[①]。以曼陀罗花为主要成分的中药麻醉手术后的病人,"用毒扁豆碱静脉注射,一般经过10分钟左右,就能达到完全清醒"[②]。看来,毒扁豆是当代蒙汗药的解药。但是,古代蒙汗药的解药是不是毒扁豆?不得而知。听说,医药界曾打算组织有关人员到山东梁山地区民间采访,以搞清《水浒传》时代蒙汗药的解药。在我看来,即使去了,恐怕也未必能得到什么结果。因为《水浒传》毕竟是小说,更何况从严格的意义上来说,梁山地区与《水浒传》的关系,实际上并不大。写到这里,不禁想起《广西志》的这一段记载:"曼陀罗人食之则颠闷、软弱,急用水喷面,乃解。"[③]"急用水喷面",也许不失为古代蒙汗药最原始、最土的"解药"吧!

常言道:不怕不识货,只怕货比货。古代某些西方国家,并不懂得麻醉药。在施行手术时,为使病人暂昏迷,只好用棍棒打头,或者放血。对比之下,很早就懂得用曼陀罗花之类作麻药的我国古代先民,生病动手术时,真不啻独享如天之福了。庄子曰:"大盗亦有道。"就张青、孙二娘之流用蒙汗药蒙人而论,可谓小盗亦有道,被窃者难哭笑。这当然是第一个发现曼陀罗花具有麻醉性能者所未曾料及的。金生叹先生曰:从清初方以智的《物理小识》及清代一些案例来看,蒙汗药的解药是蓝汁。可怕的是,至今江湖上仍用古老的蒙汗药害人,但却不知道解药是蓝汁。呜呼!

---

① 毒扁豆碱是毒扁豆种子的有效成分。
② 《中药麻醉的临床应用与探讨》,上海人民出版社,1973年版,第164页。
③ 见清中叶吴其濬《植物名实图考》引文。

八、蒙汗药续考

我国的中药,历史悠久。旧时知识分子的特点之一,是亦儒亦医,哪怕是三家村的私塾先生,也往往懂得望、闻、问、切,开药方。中药与人们的社会生活密切相关,在文化上也就必然有生动的反映。药名隐语及药名对联、书信、诗歌、散文,等等,构思之奇特,用词之精巧,往往使人惊叹不已。

中药隐名,起源很早。唐代元和年间,有位叫梅彪的文人,"所集诸药隐名,以粟、黍、荞、麦、豆为五弟"[①]。不知道梅彪集药,何以隐名?也许是保密,也许是故弄玄虚。而明清一些江湖医生,将中药隐名,"不过是市语暗号,欺侮生人"[②]。虽然如此,他们所做的隐名,也真是挖空心思,居然还颇有文化气息,如恋绨袍(陈皮)、苦相思(黄连)、洗肠居士(大黄)、川/破腹(泽泻)、觅封侯(远志)、兵变黄袍(牡丹皮)、药百喈(甘草)、醉渊明(甘菊)、草曾子(人参)。常言道:人间最苦是相思,此病难用药石医。明清之际的作家周清源,在《西湖二集》第12卷中,却偏偏用几十味中药名,描写一位小姐几乎病入膏肓的相思病:"这小姐生得面如红花,眉如青黛,并不用皂角擦洗,天花粉敷面,黑簇簇的云鬓何首乌,狭窄窄的金莲香白芷,轻盈盈的一捻三棱腰。头上戴几朵颤巍巍的金银花,衣上系一条大黄紫菀的鸳鸯绦,滑石作肌,沉香作体,上有那豆蔻含胎,朱砂表色,正是十七岁当归之年。怎奈得这一位使君子、聪明的远志,隔窗诗句酬和,拨动了一点桃仁之念,禁不住羌活起来……怎知这秀才心

---

① 李儒:《水南翰记》。
② 明人小说《生绡剪》第9回。

性芡实,便就一味麦门冬,急切里做了王不留行,过了百部……看了那写诗句的稿本,心心念念的相思子,好一似蒺藜刺体,全蝎钩身。渐渐的病得川芎,只得背着母亲,暗地里吞乌药丸子。总之,医相思没药,谁人肯传与槟郎……"真是妙趣横生,令人忍俊不禁。古人亦有作诗排律隐药名者,如李在躬《支颐集》中有首《山居即事》。

三径慵锄芜秽徧(生地),数株榴火自鲜妍(红花)。露滋时滴岩中乳(石膏),雨过长流涧底泉(泽泻)。闲草文词成小帙(稿本),静披经传见名贤(使君子)。渴呼童子烹新茗(小儿茶),倦倚薰笼炷篆烟(安息香)。株为多研常讶减(缩砂),窗因懒补半嫌穿(破故纸)。欲医衰病求方少(没药),未就残诗得句连(续断)。为爱沉谬干顷碧(空青),频频搔首向遥天(连翘)。① 我想,只要略具备中药和古典文学常识的人,读了这首诗,是会感到另有一番情趣的。

民间供奉的药神。见《中国民间俗神》:"了随风子,不想当归是何时?续断再得甜如蜜,金银花都费尽了,相思病没药医。待他有日的茴芎也,我就把玄胡索儿缚住了你。"其二:"想人生最是离别恨,只为甘草口甜甜的哄到如今,因此黄连心苦苦里为伊担闷。白芷儿写不尽离情字,嘱咐使君子切莫作负恩人。你果是半夏的当归也,我情愿对着天南星彻夜的等。"其三:"你说我负了心,无凭枳实,激得我蹬穿了地骨皮,愿对威灵仙发下盟誓。细辛将奴想,厚朴你自知。莫把我情书也,当作破故纸。"② 冯梦龙评价这三首民歌"颇称能品",当

---

① 褚人获:《坚瓠集》癸集。
② 冯梦龙:《挂枝儿》想部3卷。

然是再恰当不过了。

今人精于此道者日稀。《上海中医药报》曾刊出安徽潜山县汪济老先生的《致在台友人》书，内含60多味中药名，谓："白术兄：……今日当归也，家乡常山，乃祖居熟地……昔日沙苑滑石之上，现已建起凌霄重楼，早已不用破故纸当窗防风了，而是门前挂金凤，悬紫珠，谁不一见喜？……令堂泽兰姊虽年迈而首乌，犹千年健之松针也。唯时念海外千金子，常盼全家合欢时……弟杜仲顿首。"通篇幽默风趣，堪称佳作。不过，环顾文化界，精通中药名者日少，能作古诗词者也屈指可数，我担心上述中药名的文学作品，恐怕会渐成绝响。思之不禁怅然。

第二节　酒与园林

一、酒文化的宝贵史料

明代是中国园林发展史上的鼎盛时期。特别是嘉靖、万历时期，伴随着封建经济、文化的空前繁荣，江南园林更如雨后春笋般涌现，堪称百花争艳，千古风流。①明代园林，就其主要功能来说，是消费文化的活动场所，因此与酒的密切关系，是可想而知的。

明代的达官公卿、骚人墨客，在园林中赏花、观戏、作诗、会文、饯别等等，在酒酣耳热之余，留下了大量诗篇。这些诗，是我们探讨明代园林史、酒文化的宝贵史料。

成化丁未（1487）进士石瑶（字邦奇，藁城人）在《章锦衣园饯

---

① 参阅拙作：《论明代江南园林》，《中国史研究》1987年第3期。

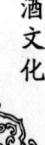

克温》诗中写道：

> 惜别驻郊坰，名园及璀璨。朱荣悬弱薆，清樾护修干……妙舞出京洛，清歌彻云汉。探幽入虎谷，蹑蹬耸飞翰……主人爱真景，废槲临断岸。岂惟示朴淳，正欲知忧患。①

"主人爱真景，废槲临断岸"，作为史料来看，这两句诗很有价值：故意保存断岸边的废槲，不加修葺，意在告诫子孙，要保住园林，很不容易，弄得不好，就会像废槲一样，使园林沦为榛莽。事实上，这也是古代绝大多数园林的命运。这是封建社会阶级关系不断变化，财富不断被重新分割的结果。

与石瑶同时的进士吴俨（字克温，宜兴人，1457—1519），他在《饮魏国园亭》中，写了该园深秋的景色：

> 台榭秋深百卉空，空庭惟有雁来红。
> 曲池暗接秦淮北，小径遥连魏阙东。
> 富贵岂争金谷胜，文章不与建安同。
> 上公亭馆无多地，犹有前人朴素风。②

由此我们知道，明代前期南京某些公侯的园林，规模还是比较小的，跟嘉靖、万历时期的园林，要差一大截；而后者的繁荣、昌盛，正是封建经济、文化高度发展的产物。

弘治己未（1499）进士、官至南京总督粮储的宜兴人杭淮

---

① 石瑶：《熊峰集》卷1。
② 吴俨：《吴文肃摘稿》卷2。

（1462—1538），在《饮胡梦竹园池次韵朱御史鹤坡》诗中，给我们描绘了南方园林冬日的景象："野光团细竹，云气薄层山。冻云仍余白，寒梅已破斑"①。这样的景象，同样使人赏心悦目。

嘉靖时吴县人张元凯在《金陵徐园宴集分得壶字二首》中，写道：

> 庐橘园千顷，葡萄酒百壶。溪声来远瀑，云影曳流苏。
> 花落纷迎蝶，萍流曲引凫。主人能好客，当代执金吾。②

园林的规模、气势，是如此宏大，与前述章锦衣园相比，真是不可同日而语了。

嘉靖壬辰（1532）进士、户部主事、无锡人王问（字子裕，1497—1576）的《宴徐将军园林作》，把明中叶达官、缙绅在园林中池畔置酒、堂上奏乐的豪华景象，生动地展现在我们的面前：

> 白日照名园，青阳改故姿。
> 瑶草折芳径，丹梅发玉墀。
> 主人敬爱客，置酒临华池。
> 阶下罗众具，堂上弹青丝。
> 广筵荐庶羞，艳舞催金卮。
> 国家多闲暇，为乐宜及时。
> 徘徊终永晏，不惜流景驰。③

---

① 杭淮：《双溪集》卷4。
② 张元凯：《伐檀斋集》卷6。
③ 钱谦益：《列朝诗集》丁集卷3。

二、无数离情细雨中

万历二十三年（1595）进士、任过户部主事等职、侯官人曹学佺（字能始，1574—1646）在《豫章朱苇斯宗侯逸园雨中宴别屠太初之南海罗敬叔之武昌李林宗之白下孙泰符之剑江欧阳于奇之毗陵予还广陵》一诗中，写道：

> 满堂游子叹飘蓬，无数离情细雨中。
> 飞盖西园因卜夜，挂帆南浦待分风。
> 岂知江海经年别，不见关山去路同。
> 他日相思非一水，尺书何处寄春鸿。[①]

这将一群好友分手前夕，在花园的斜风细雨中酌别，倾诉衷情，却更平添了道不尽的离愁别绪，一泻无余。据管窥所见，明朝人写的园林中宴别友人诗，能像这首诗如此感情真挚、笔墨淋漓，并不多见。

酒文化在明代园林中打下的烙印，确实是很深的。某些园林中的建筑物，甚至直接以酒命名。如顾璘（1476—1545）在上元家居无事时，纵游山水之余，在屋后筑"息园"，园中即"有载酒亭，以待问字者"[②]。载酒问字，固然是步前人风流余韵。此外，想来人在微醺之际、剧谈之余，呈现在朦胧的醉眼中的园林，恍惚迷蒙，大概颇有仿佛置身人间天上、仙山琼阁之感吧？

---

① 钱谦益：《列朝诗集》丁集卷 14。
② 徐复祚：《花当阁丛谈》卷 5。

三、流觞

流觞是我国古代园林史上的创举,也是骚人墨客流连忘返的乐事,这在明代相当风行。万历五年(1577)进士、曾任兵科给事中及湖广参议等职的河南汝州诗人张维新,在秦征园参加流觞,有诗记其事谓:

> 谁引流泉曲曲工,随波泛酒永和同。
> 诗客苦吟敲夜月,花仙无语叹春风。[①]

当日流觞情景,可见一斑。

四、酒店新开在半塘

友人雅集,或庆贺结交、订谊,往往离不开酒楼、酒店。春秋战国时,酒店已很普遍。著名小个子政治家晏子就曾经说过:"人有沽酒者,为器甚洁清,置表甚长,而酒酸不售者,表酒旗望帘也。"表明当时的酒店已有广告:酒望。汉唐之时酒店,相当兴旺。宋代杭州的酒店,五花八门,有"酒肆店、宅子酒店、花园酒店、直卖店、散酒店、庵酒店、罗酒店"[②]等等。所谓"庵酒店","谓有娼妓在内,可以就欢于酒阁内,暗藏卧床也"。事实上,宋代的一些大酒店,差不多都有如今日所说的"三陪",也就是色情服务。在明代,酒店更是遍布城乡。

---

① 张维新:《馀清楼稿》卷11。
② 《说郛》第1册。

早在明朝初年，明太祖朱元璋（1328—1398）即下令在南京城内建造十座酒楼。史载：

> 洪武二十七年，上以海内太平，思与民偕乐，命工部建十酒楼于江东门外。有鹤鸣、醉仙、讴歌、鼓腹、来宾、重译等名。既而又增作五楼，至是皆成。诏赐文武百官钞，命宴于醉仙楼，而五楼则专以处侑歌妓者……宴百官后不数日……上又命宴博士钱宰等于新成酒楼……太祖所建十楼，尚有清江、石城、乐民、集贤四名，而五楼则云轻烟、淡粉、梅妍、柳翼，而遗其一，此史所未载者，皆歌妓之薮也。①

这些酒楼相当豪华，酒香四溢，艳姬浅唱，有幸登临者，无不难忘今宵。不少官员、文士、商人，常常在这些酒楼宴客会友。明初江西临川人揭轨，曾写诗咏其事谓："诏出金钱送酒炉，绮楼胜会集文儒。江头鱼藻新开宴，苑外莺花又赐酺。赵女酒翻歌扇湿，燕姬香袭舞裙纡。绣筵莫道知音少，司马能琴绝代无。"②

在苏州，到了晚明，"戏园、游船、酒肆、茶店，如山如林"③。城中酒店之多固不必说，在郊区的十里山塘，也是酒馆林立，接待游览虎丘的人们。有首打油诗描写此类酒馆的情景谓："酒店新开在半塘，当垆娇样幌娘娘。引来游客多轻薄，半醉犹然索酒偿。"④在南京、苏州、杭州、扬州等地，还有专门的酒船。载客泛舟于湖上，在浅酌低吟、檀板笙歌中，饱览江南的湖光山色。在别的地方，酒馆也多得惊

---

① 沈德符：《万历野获编补遗》卷 3。
② 同上。
③ 顾公燮：《消夏闲记摘抄》。
④ 艾衲居士：《豆棚闲话》。

人。有一个县，仅县衙门前的酒店即不下二十余家①。学者胡侍甚至惊呼："今千乘之国，以及十室之邑，无处不有酒肆。"② 一般说来，小酒店比起大酒楼更富有人情味。有这样多的酒店、酒楼存在，这就为很多人的交谊提供了合适的场所。

第三节　酒与旅游

一、徐弘祖与酒

从明代的旅游业来看，在众多的旅游者当中，大部分人都喜欢饮酒。或因山巅插云，高处不胜寒，人们登山前，即备下酒浆，携之上山，如明初的著名诗人高启（1336—1374）在《游天平山记》中曾记述："至正二十二年九月九日，积霖既霁，灏气澄肃，予与同志之友以登高之盟不可寒也，乃治馔载醪，相与指天平山而游焉。"③又如明代最杰出的旅游家徐弘祖（1586—1641）在游皖南名山白岳山时写的日记中，写道：

> 雪甚，兼雾浓，咫尺不辨。伯化携酒至舍身崖，饮睇元阁。阁在崖侧，冰柱重重，大者竟丈。峰峦灭影，近若香炉峰，亦不能见。④

---

① 谢国桢：《明代社会经济史料汇编》。
② 胡侍：《珍珠船》卷6。
③ 《明文海》卷353。
④ 徐弘祖：《徐霞客游记》卷1上。

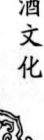

在这样高的山上攀登，又时在天寒地冻的正月，无酒是难以驱除寒意的。或因见到奇景，兴奋不已，必浮数大白而后快，如李默（？—1556）在嘉靖三年（1524）六月舟行至江阴君山时，但见"江至此渐缩，风涛骇目，不觉呼酒狂叫，已乃下毗陵，趋京口"[1]；或因客舍阻雨；或因旅伴相邀；或因旅途劳顿，为消除疲劳，都会不时畅饮数杯，在徐弘祖日记中，这样的记载并不少见："薄暮，同行崔君挟余酌于市，以竹实为供，投壶畅饮；月上而返，冰轮皎然。"[2]"返元康庐，挑灯夜酌。"[3]徐弘祖一生无嗜好；在他的足迹遍及大半个中国名山大川的旅游生涯中，与蓝天白云、清风明月、潇潇夜雨，共饮几杯，也就是他莫大的享受了。崇祯末年，杭州名士沈嵊（字孚中），每当重阳佳节，即"携酒持螯，独上巾子峰头，高吟浮白"。有位和尚暗中记下一联，云："有情花笑无情客，得意山看失意人。"他还写过一首《登高词》。其首阕曰："万峰顶上，险韵独拈糕。撑傲骨，与秋鏖，天涯谁是酒同僚？面皮虽老，尽生平受不起青山笑。难道他辟英雄一纸贤书，到做了禁登高三寸封条？"[4]真是慷慨而歌，溢于言表。

二、酒与旅游点

明朝的旅游业相当兴旺，遍布神州大地的名胜古迹，吸引着无数游子的心。在这些旅游热点上，处处皆有酒可沽。以古城开封为例，时人记载："自铁匠胡同往南……专住妓女、过客酒店……路西酒馆、饭铺……"，"自武庙街往南……有烧饼……过客店、酒店、客店、饭

---

[1]《明文海》卷355。
[2]《明文海》卷8下。
[3]《明文海》卷9下。
[4] 陆次云：《沈孚中传》，见张潮辑：《虞初新志》卷10。

店……"① 酒馆之多，不难想见。在泰山脚下的泰安州，客店很特别，驴马槽房、戏院、妓院融为一体，以接待登泰山的游客。店房分三等，即使宿于下等客房的游客，中午在山上，也由店家用素酒、干果慰劳，称作"接顶"，住上等客房的游者，有好酒款待，自不待言。而"下山后，荤酒狎妓准所欲，此皆一日事也"②。正是"只缘一览众山小，泰岱酒客登临早。"北京西南的戒坛寺下，有一座群山环抱的盆地，名秋坡。每年从四月初八日起至十五日止，特别是在四月十二日那天，四面八方的人流，涌向戒坛。一方面是由于戒坛寺乃千年古刹，天下游僧毕会，同时在秋坡村，"倾国妓女竞往逐焉，俗名赶秋坡"③。故山上山下，热闹非凡。在游客的"经行之处，一过山坳水曲，必有茶篷酒肆，杂以妓乐，绿树红裙……从远望之，盖宛然图画云"④。明朝的北京人，四时八节，吉日良辰，常常结伴携酒郊游。如京西的高梁桥，当时桥下河水清澄见底，游鱼历历可数，吸引了大批市民去小憩，兼之附近有座娘娘庙，据说妇人求子甚灵，因此又吸引了大批妇女来此求神。她们"各携酒果音乐，杂坐河之两岸，或解裙系柳为围，妆点红绿，千态万状，至暮乃罢"。而在端午节，则"士人相约携酒果游赏天坛松林、高梁桥柳林、德胜门内水关、安定门外满井，名踏青"⑤。

三、携酒而游的千古佳作

携酒而游，归有所感，形诸笔墨，有时便诞生了绝妙的诗歌、散

---

① 佚名撰，近人孔宪易校注：《如梦录·街市记》。
② 张岱：《陶庵梦忆》卷4。
③ 沈榜：《宛署杂记》卷17。
④ 同上。
⑤ 同上。

文。张岱的称得上是千古佳作的《湖心亭看雪》，正是这样诞生的，虽然落笔成文，是在明朝亡国之后，怀着对故国无限眷恋之情，追忆写成的。全文共计才一百余字：

> 崇祯五年十二月，余住西湖。大雪三日，湖中人鸟俱绝。是日更定矣，余拏一小舟，拥毳衣炉火，独往湖心亭看雪。雾凇沆砀，天与云、与山、与水，上下一白，湖上影子，惟长堤一痕、湖心亭一点、与余舟一芥、舟中人两三粒而已。到亭上，有两人铺毡对坐，一童子烧酒炉正沸。见余大喜曰："湖中焉得更有此人！"拉余同饮。余强饮三大白而别。问其姓氏，是金陵人，客此。及下船，舟子喃喃曰："莫说相公痴，更有痴似相公者。"①

大雪之夜，在西湖湖心亭同饮赏雪，这样的情谊，肯定是终生难以忘却的。但若赏雪无酒，肯定情趣索然。

在这短短的篇章里，包含了多么深广的美的境界：湖光、山色、夜幕、水气、雪景、炉火、酒香、友情，是如此温馨地交织在一起，洋溢着醉人的诗情画意。从酒文化的角度来说，这篇忆雪中饮于西湖的小品，实在是前无古人，后无来者。

四、旅游酒具

酒壶是很多旅游者的随身之物。嘉靖时吴人郭第，号"独往生"，足迹遍及五岳。他随身带着六样东西：五岳真形图、杖、衲、瓢、锄、

---

① 张岱：《陶庵梦忆》卷3。

觚。冯惟敏是郭第的好友，曾作套曲《中吕粉蝶儿·五岳游囊杂咏》，其中咏觚一段，颇有情趣。

【煞】觚呵，形从三代前，名传千载久，曾随瑚琏陈笾豆。虽然不做模棱样，却也难得圭角留，醉翁之意谁参透？赛金杯玉斝，胜瓦钵瓷瓯。①

嘉靖时的著名文学家屠隆（1542—1605），也是爱好旅游之人，曾著《游具雅编》一卷，其中自然少不了酒具。关于"酒樽"，他认为"注酒远游"，"古有窑器甚佳"，"铜提"次之，近来用锡制作的酒樽，很糟糕。瓷器负重，铜器有腥味，不如用蒲芦制成，内涂以漆，"携之远游，似甚轻便"。他画了"太极樽"（用扁匏制作）、"葫芦樽"（也用匏制作）的图式，制作、携带都很方便。他还画了"山游提合图式"、"提炉图式"，详细注明用法，置酒壶、酒杯所在，及暖酒法，都简便可行。②

五、酒与地方美食

还值得一提的是，各地的佳酿美酒，不仅是吸引旅游者前来观光的重要因素，而且某些具有地方特色，用酒烹调的食品，更博得游客的青睐。如顾养谦（1537—1604）在《滇云纪胜书》中写道：

自省东南行四十里曰"呈贡县"，又八十里曰"晋宁州"，

---

① 冯惟敏：《海浮山堂词稿》卷1。
② 屠隆撰：《游具雅编》。

皆在滇海东畔，行者山光海色，或有或无。又九十里至江川县，县无城，四山环列，一水绕而南，南则太湖……出大头鱼，鱼头大如鲢，而鲤身以白酒煮之，肥美不数槎头鳊也。①

事实上，与今日的许多名菜烹制时离不开酒一样，明朝的许多美食，制作时也是非酒不可的。如鱼酱法：

> 用鱼一斤，切碎洗净后，炒盐三两，花椒一钱，茴香一钱，干姜一钱，神曲二钱，红曲五钱，加酒和匀，拌鱼肉入磁瓶，封好，十日可用。吃时加葱花少许。②

其他的还有酒腌虾法、湖广鲊法等等。此类酒食，绝不限于鱼腥之类。如水煠肉（又名擘烧），在制作过程中，同样是少不了酒的。

> 将猪肉生切作二指大长条子，两面用刀华界如砖阶样，次将香油、甜酱、花椒、茴香拌匀，将切碎肉揉拌匀了，少顷锅内下猪脂熬油一碗、香油一碗、水一大碗、酒一小碗，下料拌肉，以浸过为止，再加蒜椰一两，蒲盖闷以肉酥，起锅食之，如无脂油，要油气故耳。③

毫无疑问，一些地方用酒制成具有独特风味的食品，是构成某些地区旅游热点的要素之一。

---

① 《明文海》卷209。
② 高濂：《遵生八笺》卷11。
③ 同上。

附录　蒙汗药与武侠小说

中国武侠小说为什么能风行世界？对这个问题，"贤者识其大，不贤者识其小"。这里，笔者拟从蒙汗药与武侠小说的关系这个小问题入手，予以管窥。难免有打边鼓之嫌，非所计也。

读过《水浒传》的人，谁都不会忘记那动辄将人麻翻、昏睡如死猪般的"洗脚水"——蒙汗药。其实，仅《水浒传》中多次描绘了蒙汗药，在别的不时叙述到武侠故事的小说如"三言二拍"中，以及在传统武侠小说《七侠五义》、《小五义》之类中，都涉及蒙汗药或香型剂的蒙汗药——安息香。在中国大陆近几年地方小报及某些杂志上发表的新武侠小说中，蒙汗药仍然是一部分侠客或其敌手的利器。在金庸、梁羽生等人的笔下，虽然侠客掌握了更神奇、有效的新式武器，诸如"剑气闭穴"、"菩提指封住气血"等点穴法，以及"迷心药"、"散功迷药"等，其奥妙无穷，自然是古典小说及传统武侠小说所不能望其项背。但是，"迷心药"之类，实际上仍然不过是蒙汗药的翻版或摩登化而已。如此看来，蒙汗药与中国的武侠小说，真是结下了不解之缘。

蒙汗药究为何物？这一直是中外学者及一般古典小说读者所关心的问题。20世纪50年代初期出版的何心著《水浒研究》，及马幼垣在1978年冬发表的《小说里的蒙汗药和英雄形象》一文，都对蒙汗药有

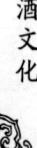

所探讨，但并未能将它的来龙去脉完全搞清楚。犹忆1977年秋，我在上海与友人胡道静讨论蒙汗药的内容，他说这是一个谜，李约瑟老博士也未能解开它，如果把蒙汗药的原料及解药完全搞清楚，对研究古典文学、科技史，都将是一大贡献。随后，我曾试把自己的读书心得，陆续写成《蒙汗药之谜》①、《蒙汗药续考》②。大约是1982年，广西有位大学生看了拙作《蒙汗药之谜》后，很感兴趣，便结合他在广西家乡的民间调查和试验，写了《蒙汗药续谈》③，读来饶有兴味。现在似乎可以说，蒙汗药之谜，已经基本上被解开了。

  蒙汗药是否是小说家向壁虚构的妄谈？非也。早在明中叶，郎瑛即指出："小说家曾言：蒙汗药人食之昏腾麻死，后复有药解活，予则以为妄也……《桂海虞衡志》载，曼陀罗花，盗采花为末，置人饮食中，即皆醉也。据是，则蒙汗药非妄。"④ 显然，郎瑛告诉人们，蒙汗药是用曼陀罗的花末制成的。曼陀罗花，是茄科一年生草本植物曼陀罗的花冠，在明代又名风茄儿、山茄子等，今天中医的处方用名，称为洋金花、风茄花。这种花何以叫曼陀罗花？李时珍在《本草纲目》卷十七中解释说："《法华经》言：'佛说法时，天雨曼陀罗花。'……曼陀罗，梵言杂色也。"据此可知，曼陀罗花是从印度传入我国的。但是，系何时传入？有待考证。据管窥所及，我国史籍最早记载曼陀罗花的，似为北宋周师厚在元丰初年写成的《洛阳花木记》⑤。此书在"草花"类中，载有曼陀罗花、千叶曼陀罗花、层台曼陀罗花三种。但并未指出此花的特性。那么，首先记载曼陀罗花具有麻醉性能的书，是何书？前述《七修类稿》曾引南宋范成大著《桂海虞衡志》的一段

---

① 刊于《学林漫录》初集，中华书局1980年6月版。笔名村愚。
② 刊于光明日报出版社出版的拙著《"土地庙"随笔》。
③ 刊于《学林漫录》9集，1984年12月。
④ 《七修类稿》卷45《事物类》。
⑤ 《说郛》第104册。

有关记载。但查《古今逸史》、《知不足斋丛书》等收录的《桂海虞衡志》，均无此段记载。看来，如果不是郎瑛别有所据，就是他搞错了。其实，早在北宋，司马光即记载："杜杞字伟长，为湖南转运副使。五溪蛮反，杞以金帛官爵诱出之，因为设宴，饮以曼陀罗酒，昏醉，尽杀之，凡数千人"[①]。杜杞诱杀少数民族达数千人之多，实在残忍。而他用以施展阴谋的武器，正是"曼陀罗酒"。一次下药，竟使数千人昏醉而丧命，于此不难看出宋代从官府到民间，已经是使用蒙汗药成风。不过，记载绿林豪客用曼陀罗花药人的史家，最早的，恐怕还是南宋的周去非。他载谓："广西曼陀罗花，遍生原野。大叶百花，结实如茄子，而遍生小刺，乃药入草也。盗贼采干而末之，以置人饮食，使之醉闷，则挈箧而趋。"[②]显然，令人感到扑朔迷离的蒙汗药，确实是用曼陀罗花制成的。南宋建炎年间窦材在论及"睡圣散"这种药方时，即已明确记载说："人难忍艾火灸痛，服此即昏不知痛，亦不伤人，山茄花（即曼陀罗花）、火麻花共为末，每服三钱，小儿只一钱，一服后即昏睡。"[③]可见至迟在南宋，用曼陀罗花作为麻醉药，已普遍应用于外伤等各科，曼陀罗花的麻醉性能，是尽人皆知的了。

在明朝，蒙汗药将人麻翻的故事，化为小说家言，不胫而走，使蒙汗药的名声越来越大。明代史料中，对曼陀罗花入酒或他物中，人食后的麻醉性能，时有记载。如杨循吉载谓："以曼陀罗酿煮鸭，日食则痴。"[④]又如："用风茄为末，投酒中，饮之，即睡去，须酒气尽乃寤。风茄产广西，土人谓之颠茄。"[⑤]再如沈德符写道："嘉靖末年，海内宴安，士大夫富厚者以治园亭、教歌舞之隙，间及古玩……吴门新都诸

---

① 《涑水记闻》卷3。
② 《岭外代答》卷8。
③ 《扁鹊心书》。
④ 《吴中故语》。
⑤ 《岭南琐记》。

市骨董者，如幻人之化黄龙，如板桥三娘子之变驴，又如宜县夷民改换人肢体面目。其称贵公子、大富人者，日饮蒙汗药，而甘之若饴矣。"①这里，沈德符是从批判富豪生活的奢靡、无聊这个角度，谈到蒙汗药的；蒙汗药一词成了人们口头上颇为流行的贬义语。与此相类似的是，万历时赵南星作的小曲"喜连声"中，有谓："……吃了也蒙寒（汗）药，平身里扑腾地跌了一跤，空合他犯了好"②。这些记载堪称是蒙汗药在明代风行天下的证据。（按：上述文献记载，已为当代的科学实验所证实。差不多近 20 年前，江苏、浙江、上海、西藏等地研究中药麻醉的大夫，根据《水浒传》的线索，经反复试验，终于发现蒙汗药的主要成分，正是曼陀罗。他们并不了解历史文献。）

蒙汗药的解药是什么呢？《广西志》及《本草纲目》卷4"诸毒"条中，都说用"冷水"，"喷面，乃解"，但这不过是权宜之计，绝非有效之法。查考文献，明清之际的大学者方以智的记载；为我们提供了重要线索："醉迷术……曼陀罗花酒，饮之醉如死。魏二韩御史治一贼，供称：威灵仙、天茄花、精制豆，人饮则迷，蓝汁可解"③。天茄花是曼陀罗花的别称：据此条记载可知，蓝汁能解蒙汗药，是干过用蒙汗药麻人勾当的贼人供出来的，弥足珍贵。所谓蓝汁，即靛。方志中记载说："靛，即蓝汁。种宜于圃，立伏后取蓝投水，掺以石灰，以棒搅之乃成。业染家贩之。《本草纲目》：蓝汁浮水面者为靛花，其色胜母，所谓青出于蓝而愈于蓝也。"④蓝作为解药，宋代洪迈的《夷坚志》即有所记载，明代谢肇淛还特地加以引证，说它能"解百毒，杀诸虫"⑤。蓝既能解百毒，其汁作为蒙汗药的解药，自然是不在话下了。

---

① 沈德符：《万历野获编》卷20。
② 路工编：《明代歌曲选》。
③ 《物理小识》卷12。
④ 赖昌期总修：《阳城县志》卷5。
⑤ 《五杂俎》卷11。

当然，毒扁豆碱，1972年，我国已经人工合成，并作为以曼陀罗花为主要成分的中药麻醉手术后的清醒剂而用于临床实验，"静脉注射，一般经过十分钟左右，就能达到完全清醒"。[①]及甘草绿豆汤[②]，都可以作为蒙汗药的解药，但在历史文献中，我们还没有发现有关记载。

综上所述不难看出，蒙汗药的存在是千真万确的，在我国至少已经流传了一千多年，是中国老资格的奇特产品之一。蒙汗药化为武侠小说中的神品、利器，原本是中国历史文化的特有产物。西方固然也曾经有数百年武侠小说风靡于世界的历史，并塑造出永不磨灭的武侠迷堂·吉诃德的典型形象。但是，西方的武侠小说中，不会有蒙汗药出现，这是因为，古代西方的很多国家，根本就没有麻醉药，医生在给病人动手术时，为使病人暂时昏迷，只好用棍棒打头，或者放血。因此，即使如塞万提斯那样想象波谲云诡的大作家，笔下也绝对不会有蒙汗药出现。而我国，早在汉代，神医华佗就发明了高效能的麻醉药"麻沸散"，后来，更有各种麻醉药相继问世。因此仅从蒙汗药这一点加以观察，就不难看出，中国的武侠小说，是深深扎根于中国历史文化层之中的；而中国的文化早已雄辩地证明，凡是愈能充分保持、反映中国历史文化特点的文学艺术作品，便愈有生命力。我想，中国武侠小说的"永远健康"、历久不衰的原因之一，也正是在于此。

中国武侠小说源远流长，罗忼烈认为，《左传》记载的鉏麑、灵辄的简单故事，是后世武侠小说的老祖宗，那是不错的。固然正宗的武侠小说要从唐人传记小说《红线传》、《昆仑奴传》、《聂隐娘传》算起，但在古代武侠小说中，对后世武侠小说影响至巨、至今还拥有读

---

① 《中药麻醉的临床应用与探讨》编写组：《中药麻醉的临床应用与探讨》，上海人民出版社1973年版，第164页。
② 《学林漫录》9集。

者群的，当数《警世通言》中的《赵太祖千里送京娘》、《拍案惊奇》中的《刘东山夸技顺城门，十八兄奇踪村酒肆》、《二刻拍案惊奇》中的《神偷案与一枝梅，侠盗惯行三昧戏》、《古今小说》中的《宋四公大闹禁魂张》等。这些作品，虽然大部分写的是前朝故事，但实际上却是明朝社会生活的反映。其实，在这一点上，连《水浒传》也不例外。在这些武侠故事中，往往充斥着对蒙汗药的描写。如前节所述，这正是明朝风行蒙汗药在小说中的流露。与蒙汗药不是小说家凭空捏造出来的一样，前述的那些武侠，也不是小说家头脑中的幻化物，在明朝，确确实实存着侠的阶层，他们的种种行径，被小说家高度观念化、艺术化的结果，便成了武侠小说或武侠故事。

　　对于侠的定义、变迁，言人人殊；我以为鲁迅关于侠的界说，是符合历史实际的。他说："司马迁说：'儒以文乱法，而侠以武犯禁。''乱'之和'犯'，绝不是'叛'，不过闹点小乱子而已，而况有权贵如'五侯'者在……然而为盗要被官兵所打，捕盗也要被强盗所打，要十分安全的侠客，是觉得都不妥当的，于是有流氓。"[①]明朝自成化以后，随着经济的发展，出现了越来越多的城镇——特别是中小市镇；大城市更愈益发达，都市生活日趋繁荣多姿。但是，作为城市生活的派生物——流氓阶层，也随之日渐滋长。万历以后，其况更甚。以杭州而论，"省城内外不逞之徒结党为群，内推一人为首，其党与每旦会与首恶之家，分头探听地方事情，一遇人命，即为奇货，或作死者亲属，或具地方首状，或为硬证，横索酒食财物，稍不餍足，公行殴辱，善良被其破家者，俱可指数"[②]。在吴中地区，有"假人命，真抢掳"之谣；这是因为，一些流氓"平时见有尫羸老病之人，先藏之

---

① 鲁迅：《流氓的变迁》。
② 陈善等修：《杭州府志》卷19。

密室，以为奇货可居，于是巨家富室，有衅可寻，有机可构，随毙之以为争端，乌合游手无籍数百人，先至其家，打抢一空，然后鸣之公庭，善良受毒，已非一朝矣"[1]。在北京，万历初年，就活动着一个以锦衣卫成员韩朝臣为首的流氓团伙，"结义十弟兄，号称十虎，横行各城地方"；其中的一"虎"，与《水浒传》中杨志的刀下鬼同名——叫牛二，与西城的李七、詹大、贾三、白云，及南城的李二、景永受等互相勾结，为非作歹，"科敛民财"、"诈骗人户"、"白昼打抢"、"盗拐人财"；牛二还霸占民女陈香儿为妻。他们甚至还"毁骂赶打"从宣武门大街经过的兵部尚书杨兆，公然"口称我们兄弟十虎，谁怕你官"[2]，十分猖狂。而至明末，在北京城内，"又或十五结党，横行街市间，号曰'闯将'"[3]。他们比起牛二之流更形猖獗。在江南的名城松江，出现了"名以拳勇相尚"的"蓝巾党"，其中的一个成员，叫张半颠，其父还是进士。有人写了一首劝他迷途知返的诗谓："卓卓张公子，如何入斗场？读书君子静，击剑小人狂。不见当时侠，都因非命亡。迷途须亟返，亲泪已千行。"[4]产生于崇祯初年、风行于明末清初的江南"打行"，实际上也是流氓组织。史载："鼎革时，市井少年好习拳勇，结党羽，是谓打行，遂以滋事……小者呼鸡逐犬，大则借交报仇，自四乡以至肘腋间皆是也。昨步郭门之外，有挺刃相杀者，有白昼行劫，挟赀走马，直走海滨者……而百子之会，歃血禁城，幸旋就缚，惜处之未尽法耳。"[5]值得注意的是，这些人明明是流氓，却以侠自居，连女帮闲、女流氓也不例外。如松江"虽称淫靡，向来未有女帮闲名色，自吴卖婆出，见医生高鹤琴无后，佣身与生一子，吴

---

[1] 许自昌：《樗斋漫录》卷12。
[2] 郑钦：《伯仲谏台疏草》卷上。
[3] 《钦定日下旧闻考》。
[4] 章鸣鹤：《谷水旧闻》。
[5] 沈葵：《紫堤村志》。

遂以女侠名。而富室之家争延致之，足迹所临，家为至宝，因托名卖婆，日以帮闲富室为生。上制淫乐，纵酒恣欢乐，自是起家数千金，乘兴出入，号三娘。"① 有的人甚至用猪头冒充人头，声称为人报了仇，以大侠自居，从而骗得大宗银两；无怪乎时人沈风峰对此感慨系之地说："自易水之歌止，而海内无侠士千年矣，即有亦鸡鸣狗盗之徒。"② 此语也许有失之偏激之嫌，但仍不失为一针见血之论。

在明代也可以说在整个古代，在所谓侠中，固然确有少数人除暴安良，劫富济贫，扶困救危，在历史上留下美名；但是，从总体上看，特别是在明清，侠实际上是封建统治者的帮闲、打手，也是流氓的别称。明代包括清代的武侠故事、武侠小说，是明清流氓阶层生活的一面镜子。即以明代的武侠小说而言，如"大闹禁魂张"的宋四公之流，分明是在黑吃黑，落得个"鳖咬鳖——一嘴血"。当代的武侠小说，是明清以来武侠小说发展的结果，某些明清时期的侠，至今仍是一部分武侠小说讴歌、描绘的对象。这样看来，中国武侠小说的先天不足之一，就是追溯其历史渊源，赞美了流氓阶层，而且说真的，今日风行的某些武侠小说，即使是正面描写的武侠英雄人物，我们从他们往往粗暴、乖张的行为中，仍不时感到流氓气息的阵阵袭来，而一些武侠小说的"拳头加枕头"的所谓新潮流的出现，更使这种气息浓重了。近日与一位学者聊天，说起武侠小说，没想到他竟这样说："老兄不是研究过蒙汗药吗？我看有一些武侠小说，就是青少年的蒙汗药！"现在看来，此话虽偏颇、尖锐，但却隐隐道出了一个道理：不能忽视武侠小说的消极面。事实上，这也正是武侠小说在中国乃至世界文学之林中，能占有一席之地，但始终成不了参天大树的一个重要原因。

---

① 范濂：《云间据目钞》卷2。
② 吴履震：《五茸志逸》卷7。

半个世纪前，鲁迅曾经说过："中国确也还盛行着《三国演义》和《水浒传》，但这是为了社会还有三国气和水浒气的缘故。"①这种深刻的洞察力，实在让人佩服。说到武侠小说，之所以能风行当代中国，固然有种种原因，但主要的，我以为正是中国社会还有武侠小说气的缘故。这个气不是别的，正是传统武侠小说所刻画的封建主义气息。是的，在中国大地上，早已实行了社会变革，但封建主义残余还严重存在，《水浒传》、《三国演义》及武侠小说里所描绘的一些人和事，还以老模样或新形式，继续活动着，有时简直让你难以置信，千百年的古今界限竟然似乎根本不存在，但这却是铁的事实。聊举一例，让我们还是回到蒙汗药的老话题上来，大概很多人难以想象，至今还有人干着用蒙汗药谋财害命的勾当，报刊新闻时有所闻。就在1989年初，《安徽日报》载：

> 前一时期，安徽省沿江一带连续发生几起"蒙汗药"案。
>
> 铜陵一工人李某，去望江县华阳河买河蟹，有一青年要当场教他"药功防勇"术，说是吃了他的药，会有"爆发力"，就抓出一把似油菜籽般的药粒，让李某吞下。李某吞下后……始则兴奋，继则晕乎，最后不省人事。那青年就……将其身上四百元钱和一块钻石手表劫走。
>
> 不多久，又出一事。一个从浙江萧山来的推销员潘某，在贵池县青峰岭摆药摊的老妪处诊肩周炎。忽来一年轻人，说吃他的药可治肩周炎。潘某……接过药吞服，立时觉得迷糊起来，跟着年轻人东转西拐……等苏醒过来，他发觉自己在芦苇丛中昏睡了一日两夜，又发现身上千元巨款、手表、

---

① 鲁迅：《叶紫作"丰收"序》。

衣服统统没有了。

公安机关侦查时，又出了另一案。在铜陵县大通镇姚凤嘴山上松林中发现一男尸，一千四百元被夺，检查尸体，发现其腹中有油菜籽般的药物。不久，被通缉的罪犯李俊终落法网。经有关部门检验，犯罪分子李俊所用的"蒙汗药"，是一种名叫曼陀罗的一年生草本植物，含有莨菪碱毒性。服过量能导致神经麻痹直至窒息死亡。犯罪分子李俊已被判处死刑。①

你看，这里的罪犯李俊，与武侠小说中用蒙汗药麻人的人物，不是如出一辙吗？这就是现实社会中的武侠小说气！我想，诸如此类的"气"，作为重要因素之一，也正是新武侠小说产生、存在、衍化的土壤。至少在祖国内地，这种"气"，成了武侠小说得以传播的合适的氛围。

1989年春于北京八角村
（原载台湾东海大学《中国文化月刊》第115期）

---

① 转引自《每周文摘》1987年1月22日，总第319期。